Lecture Notes in Operations Research and Mathematical Systems

Economics, Computer Science, Information and Control

Edited by M. Beckmann, Providence and H. P. Künzi, Zürich

53

J. Rosenmüller

Mathematisches Institut der Universität Erlangen-Nürnberg,
Erlangen

Kooperative Spiele und Märkt

Springer-Verlag

Berlin · Heidelberg · New York 1971

AMS Subject Classifications (1970): 90 A 15, 90 D 12, 90 D 13

ISBN -13:978-3-540-05550-1   e- ISBN -13:978-3-642-80633-9
DOI: 10.1007/978-3-642-80633-9

Inhalt

Einleitung

Das Ziel dieser Ausarbeitung ist, Studenten jüngerer und mittlerer Se-
mester mit einigen Entwicklungen der kooperativen Spieltheorie bekannt zu machen. Dabei haben wir insbesondere die seit einiger Zeit
zunehmend interessierenden Anwendungen in der mathematischen Ökono-
mie im Auge, da ein Lehrbuch oder eine zusammenfassende Darstellung
dieses Gebietes anscheinend nicht existiert. Dementsprechend ist der
Schwierigkeitsgrad gehalten: das erste Kapitel kann mit geringen mathematischen Vorkenntnissen verstanden werden, im zweiten wird etwas ele-
mentare Wahrscheinlichkeitstheorie verlangt. Für das dritte Kapitel
sind Kenntnisse der Maß- und Integrationstheorie unerläßlich.

Die Zielsetzung, einerseits eine Einführung zu geben und andererseits
wenigstens in einer Richtung bis zu den derzeit neuesten Arbeiten vor-
zustoßen, zwingt zu gewissen Einschränkungen.- der Band wäre sonst zu
voluminös ausgefallen. So verzichten wir z. B. auf die von M. Maschler
und B. Peleg eingeführten Begriffe "Bargaining set" und "Kernel" ([M],
[P]) und auf neuere Arbeiten über die Frage der Approximation kontinuierlicher Märkte durch endliche in einer passenden Topologie (Y. Kannai, G. Debreu, W. Hildenbrand u. a.). Von der Theorie der stabilen
Mengen führen wir nur aus v. Neumann's klassischen Ergebnissen einiges
vor, auch hier sind die Entwicklungen inzwischen weiter gegangen. Unser Hauptpfad führt in diese Richtung: die spieltheoretischen Begriffe
"Core" und "Shapley-Wert" zu diskutieren, ihren, auf M. Shubik und L.
S. Shapley zurückgehenden, Zusammenhang mit dem klassischen Marktgleich-
gewicht aufzuzeigen und das allmähliche Zusammenwachsen aller drei Begriffe bei "großen" Spielermengen zu verfolgen. Dabei wird der Fall
des transferierbaren Nutzens ("Games with Side-payments") bevorzugt
gegenüber anderen ökonomischen Modellen ohne Seitenzahlungen behandelt.

Ein wesentliches mathematisches Hilfsmittel ist dabei der Begriff der
(im allgemeinen nicht additiven) Mengenfunktionen. Um dies zu rechtfertigen, ist es angebracht, auf das schon in [NM]eingeführte Konzept der Repräsentierung von Spielen einzugehen. Danach gibt es drei
Möglichkeiten, ein "Spiel" im alltäglichen Gebrauch des Wortes durch
ein mathematisches Modell zu repräsentieren.

1. Die extensive Form. Sie entspricht etwa einer abstrakten Formulierung der Spielregeln. Zur Darstellung kann ein Graph oder

"Baum" dienen,

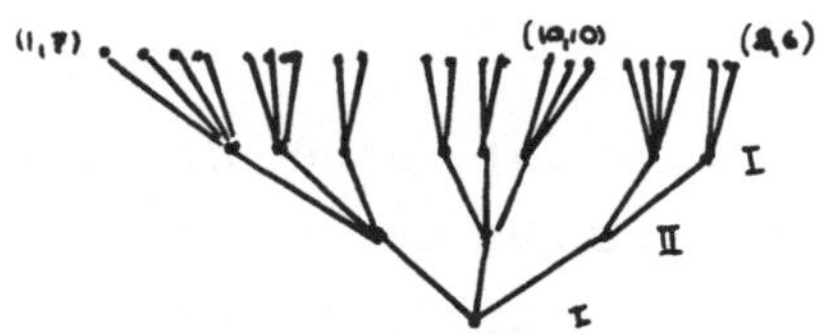

dem man die folgende Interpretation unterschiebt: auf jeder Stufe
hat einer der Spieler I und II die Wahl, eine der weiterführenden
Linien zur nächsten Stufe auszuwählen. Auf der Endstufe wird schließlich ein Paar von "Auszahlungen" (a,b) an beide Spieler verteilt. Im
allgemeinen ist das Modell natürlich erheblich komplizierter, der
Baum muß nicht notwendig endlich sein, man kann das Phänomen der un-
vollständigen Information noch einbauen, zufallsabhängige Entschei-
dungen mögen auftreten usw. Man findet darüber hinreichend Literatur,
auch in Lehrbüchern, z. B. [NM] , [BU]$_1$, [BLG] , [LR] , [MKI] $_2$, [OW]

2. Die Auszahlungsfunktion. Zwei vorgelegten Matrizen mit reellen
Elementen A = (a_{ij}) , B = (b_{ij}) (i = 1,...,m; j = 1,...n) läßt sich
die folgende Interpretation unterlegen: eine Partie eines Spieles der
Spieler I und II besteht darin, daß I ein $i \in \{1,...,m\}$ wählt sowie II
ein $j \in \{1,...,n\}$, danach erhält I den Betrag a_{ij} und II den Betrag
b_{ij}. Man hat Grund, die Entscheidungsmöglichkeiten 1,...,m des Spielers I als seine "Strategien" zu bezeichnen. Es gibt einen Zusammenhang zur Darstellung in extensiver Form wie folgt: man stellt sich
vor, daß in einem durch einen Baum charakterisierten Spiel jeder
Spieler sich durch einen Plan festlegt, wie er sich in einer bestimmten Situation des Spiels (d.h. an einem bestimmten Knoten des Baumes)
verhalten will. Danach wird eine Liste aller möglichen Pläne dieser
Art aufgestellt und durchnummeriert. Die Auszahlung hängt nunmehr lediglich von der Auswahl eines Plans (oder eines Planindexes) durch
beide Spieler ab, und das Spiel kann durch zwei Matrizen repräsentiert werden. Die Anzahl der Spieler muß nicht notwendig zwei sein:
für n Spieler kann ein Spiel durch n "Auszahlungsfunktionen" A^1,...,
A^n mit

$$A^i : I^1 \times \ldots \times I^n \longrightarrow \mathbb{R}$$

repräsentiert werden; dabei sind I^1,..., I^n gewisse Mengen von "Strategien" - die etwa durch ganze Zahlen, Punkte auf der reellen Achse
usw. ausgedrückt werden können.

3. Die charakteristische Funktion. Es sei jeder Untermenge S der
Menge
$$\Omega = \{1,...,n\}$$

eine reelle Zahl $v(S)$ zugeordnet. Dieser Sachverhalt läßt sich wie
folgt als "Spiel" interpretieren. Die Spieler $P_1,\ldots,\ P_n$ treten in
Verhandlungen ein. Wenn alle P_i ($i \in S$) sich darüber einigen, zusammen
eine Koalition zu bilden, so erhalten sie — als Gruppe — die Auszahlung $v(S)$. Die Verteilung dieser Auszahlung an die Mitglieder der Koalition wird Gegenstand der Verhandlungen sein.

Einen Zusammenhang zu der unter 2. gegebenen Repräsentierung kann man
leicht herstellen. Wenn ein Spiel durch Auszahlungsfunktionen $A^1,\ldots,$
A^n über gewissen Strategienmengen $I^1,\ldots,I^n$ gegeben ist, so können
sich ebenfalls die Spieler P_i ($i \in S$) zur Zusammenarbeit entschließen,
(das kann sehr von äußeren Umständen, Kommunikationsmöglichkeiten usw.
abhängen). Diese Spieler können als Gruppe dann zumindest den folgenden Gesamtgewinn erzwingen:

$$v(S) = \max_{\substack{j_k \in I^k \\ k \in S}} \quad \min_{\substack{j_k \in I^k \\ k \in S^c}} \quad \sum_{i \in S} A^i(j_1,\ldots,j_n) \ .$$

v wird häufig als "charakteristische Funktion" eines Spieles bezeichnet. (Wir werden diesen Terminus jedoch vermeiden). In dieser Form
werden also Spiele repräsentiert, wenn die detaillierte Beschreibung
durch "Spielregeln" oder "Strategien" entweder nicht von Interesse ist
oder zu kompliziert erscheint, um mathematische Ergebnisse erwarten
zu lassen. Es ist diese Form allein, die hier interessiert. Dabei
identifizieren wir in naheliegender Weise die "Spieler" und ihren
Index, mithin wird etwa $\Omega = \{1,\ldots,n\}$ die Spielermenge und $S \subseteq \Omega$ heißt
eine "Koalition".

Die Klassifizierung von Spielen nach [NM] ist nicht die einzig mögliche und auch nicht vollständig. Eine wesentliche Lücke ist z. B.
R. J. Aumann und B. Peleg aufgefallen: es ist möglich, daß in einem
Spiel zwar Zusammenarbeit und Koalitionsbildung erlaubt sind, es kann
dennoch verboten oder unmöglich sein, daß die Spieler untereinander
Zahlungen vornehmen ("Side Payments"). Das kann schon deshalb ein-
treten, weil die "Auszahlungen" nicht in Geld (oder reellen Zahlen)
bestehen, sondern durch Prestigegewinn, Einflußmöglichkeiten usw. re-
alisiert werden. In diesem Fall ist es nicht sinnvoll, einer Koalition
$S \subseteq \Omega$ eine reelle Zahl zuzuordnen - vielmehr wird der Wertebereich
der Funktion v aus gewissen Untermengen des $\mathbb{R}^n$ bestehen.(zulässige
Auszahlungsvektoren). Man vergleiche etwa $[A]_1$, $[A]_2$, $[AP]$, $[ST]_1$, $[BU]_2$

An dieser Stelle spielt auch das Problem der Nutzenrepräsentierung und des Nutzenvergleichs eine Rolle. Gleichzeitig kommen hier interessante ökonometrische Anwendungen herein; wir kommen darauf später nochmals zurück.

Einen Überblick über verschiedene Klassifizierungen von Spielen findet man übrigens in $[LU]_1$. Dort wird auch über neuere Ergebnisse in verschiedenen Gebieten der kooperativen Spieltheorie berichtet.

Wir fügen noch eine Liste der häufig benutzten Notationen an. Die meisten von ihnen werden im Text definiert, soweit sie nicht allgemein gebräuchlich sind.

Die Einteilung des Textes geschieht nach Kapiteln (I, II, III), Paragraphen (§ 1, § 2, ...) und Abschnitten (1.), 2.), ...) Innerhalb der Abschnitte werden Sätze und Definitionen durchnummeriert. (Satz 3.1, Satz 3.2, ...) Zitate von Formeln oder Sätzen beziehen sich auf den gleichen Paragraphen oder das gleiche Kapitel, falls nichts anderes ausdrücklich angegeben wird.

Bezeichnungen

$\Omega = \{1,\ldots,n\}$	Spielermenge
$\Omega^k = \{1,\ldots,nk\}$	"
$\Omega_i^k = \{i,i+n,\ldots,i+(k-1)n\}$	"
$\widetilde{\Omega} = [0,1]$	"
$\underline{\underline{P}} = \underline{\underline{P}}(\Omega)$	Potenzmenge von Ω, Menge der Koalitionen
$\underline{\underline{B}}$	Natürlicher Borelkörper in $[0,1]$; "
$\underline{\underline{B}}^{o}$	endlicher Borelkörper
$\underline{\underline{S}},\underline{\underline{T}},\ldots$	Mengensysteme
$\underline{\underline{M}}$	Menge der meßbaren Funktionen auf $[0,1]$
$\underline{\underline{M}}_o$	Menge der meßbaren Funktionen $[0,1] \to [0,1]$
$v,w,m,\mu,$	Mengenfunktionen , Spiele (≥ 0 in I,II)
μ,ϱ,λ	Maße
λ	Lebesgue Maß
$\mathcal{A}$	Menge der additiven Mengenfunktionen
$\mathcal{A}$	" " σ-additiven "
$\mathcal{B}$	" " balancierten "
$\mathcal{C}$	" " konvexen "
$\mathcal{S}$	" " superadditiven "
$\mathcal{Y}$	Banachraum der Mengenfunktionen mit beschränkter Variation
$\mathcal{Y}^{o}$	" , approximierbar durch Polynome in Maßen
$\mathcal{F}$	Menge der Funktionale auf $\underline{\underline{M}}_o$ mit beschränkter Variation
$\succsim$	Präferenzordnung
$(\succsim) = (\succsim_i)_{i\in\Omega}$	Familie von Präferenzordnungen
$\succsim = (\succsim)_{\omega\in\widetilde{\Omega}}$	Meßbare "
$A = (a^i)_{i\in\Omega}$	Anfangszuteilung eines Marktes
$a^{\cdot} = (a^{\omega})_{\omega\in\widetilde{\Omega}}$	" , mit kontinuierlich vielen Spielern
$\mathcal{M} = (\Omega,\mathbb{R}^{m+},(\succsim),A)$	Markt

- 6 -

$\mathcal{m} = (\Omega, \mathbb{R}^{m+} \times \mathbb{R}, (\succsim), A)$ Markt mit transferierbarem Nutzen

$\mathcal{m} = (\tilde{\Omega}, \mathbb{R}^{m+}, \succsim, a^{\cdot})$ Markt mit kontinuierlich vielen Spielern

$\mathcal{J} = \mathcal{J}(v)$ Menge der Imputationen von v

$\mathcal{C} = \mathcal{C}(v), \ \mathcal{C}(\mathcal{m})$ Core von v, $\mathcal{m}$

$\mathcal{S}$ Stabile Menge

$\mathcal{A} = \mathcal{A}(\mathcal{m})$ Zulässige Verteilungen in $\mathcal{m}$

$\Phi = \Phi^{v}$ Shapley Wert

$\mu^{\mathcal{m}} = \mu^{\mathcal{m}}(\bar{p}, \bar{X})$ Gleichgewichtsauszahlung von $\mathcal{m}$

P Preisvektoren

$B_{p}^{i}, \ B_{p_i}$ Budgetmengen

$u, u^{i}, \ U^{i}$ Nutzenfunktionen

S^{c} Komplement einer Menge S

1_{S} Indikatorfunktion von S

e_{S} Einstimmigkeitsspiel von S

$S + T$ $= S \cup T$ für disjunkte Mengen S, T

$\mathbb{R}^{m+}$ Nichtnegative Vektoren des $\mathbb{R}^{m}$

$\mathbb{Q}^{m+}$ Vektoren des $\mathbb{R}^{m+}$ mit rationalen Koordinaten

α^{+} $= \max(0, \alpha) \quad (\alpha \in \mathbb{R})$

x^{+} $= (x_1^{+}, \ldots, x_n^{+}) \quad (x \in \mathbb{R}^{n})$

$\alpha \wedge \beta$ $= \min(\alpha, \beta) \quad (\alpha, \beta \in \mathbb{R})$

$x \wedge y$ $= (x_1 \wedge y_1, \ldots, x_n \wedge y_n) \ , \ (x, y \in \mathbb{R}^{n})$

$x \geqq y$ $x_i \geqq y_i \ (1 \leqq i \leqq n) \ (x, y \in \mathbb{R}^{n})$

$x > y$ $x_i > y_i \qquad " \qquad\qquad "$

$x \underset{\neq}{>} y$ $x \geqq y \ , \ x \neq y \qquad\qquad "$

δ_{i} Punktmaß auf i

δ_{ij} Kroneckersymbol

π Permutation $\Omega \to \Omega$

Π Meßbarer Automorphismus $\tilde{\Omega} \to \tilde{\Omega}$

Kapitel I

Endliche Spielermengen

§ 1 Stabile Mengen

1.) Der erste Lösungsbegriff für kooperative Spiele stammt von J. von
   Neumann und O. Morgenstern und wurde in [NM] ausführlich disku-
tiert. Wir geben hier nur einen kurzen Einblick in die Theorie. Es
sei $\Omega = \{1,\ldots,n\}$ die "Spielermenge" und $\underline{P} = \{S|\ S\subseteq\Omega\}$ die Menge aller
Untermengen von Ω ("Potenzmenge"). Die Elemente von $\underline{P}$ werden auch als
Koalitionen bezeichnet. Eine Mengenfunktion

$$(1) \qquad v:\ \underline{P} \to \mathbb{R}^+\ ,\ v(\emptyset) = 0$$

heißt ein Spiel.

Definition 1.1. v heißt superadditiv, falls

$$(2) \qquad v(S) + v(T) = v(S+T) \quad (S,T \in \underline{P})$$

   gilt. v heißt additiv, falls

$$(3) \qquad v(S) + v(T) = v(S+T) \quad (S,T \in \underline{P})$$

   gilt. (Wir schreiben S+T für $S\cup T$ genau dann wenn $S\cap T = \emptyset$ ist)

Die Menge der superadditiven Mengenfunktionen bezeichnen wir mit $\mathcal{S}$,
die der additiven $\mathcal{K}$. Für Elemente in $\mathcal{K}$ ziehen wir die Bezeichnungen
$m,\mu,\ldots$ vor. Jedes $m \in \mathcal{K}$ ist eindeutig durch seine Werte $m_i = m(\{i\})$,
$i\in\Omega$ bestimmt vermöge

$$(4) \qquad m(S) = \sum_{i\in S} m_i \qquad (S \in \underline{P})\ .$$

Daher ist es mitunter nützlich, m mit dem n-dimensionalen Vektor
$(m_1,\ldots,m_n)$ zu identifizieren. Andererseits kann jedes $v \in \mathcal{S}$ (und
somit auch jedes $m \in \mathcal{K}$) als Vektor im $\mathbb{R}^{2^n-1}$ aufgefaßt werden - die
Koordinaten sind dann gerade die Zahlen $v(S)$ $(S \in \underline{P},\ S \neq \emptyset)$. $v(S)$
stellt die "Macht" oder den "Gewinn" der Koalition S dar. Für den
Verhandlungsmechanismus, der zur Bildung der Koalition führt und
die Verteilung des Gewinns regelt, interessiert man sich nicht,
wohl aber für seine Ergebnisse. Dieses Prinzip läßt sich etwas müh-
sam dadurch rechtfertigen, daß eine mathematische Theorie, sollte
sie Verhandlungsmechanismen, Persönlichkeiten der Spieler, äußere
Umstände usw. beschreiben, vermutlich zu kompliziert würde. Wenn man
sich auf die Beschreibung der Ergebnisse beschränkt, kann man hoffen,

"sinnvolle" Ergebnisse zu charakterisieren, ohne darauf einzugehen, wie sie im Einzelnen zustande kommen.

Ein „Ergebnis" sollte eine Gewinnzuteilung an jeden Spieler festlegen. Wenn wir fürs erste annehmen, daß dieser Gewinn durch eine reelle Zahl repräsentiert werden kann, ist ein Ergebnis ein Vektor $x \in \mathbb{R}^n$. x kann gleichzeitig auch als additive Mengenfunktion angesehen werden.(vgl.(4))

<u>Definition</u> 1.2. $x \in \mathbb{R}^n$ heißt (bezüglich v) <u>individuell rational</u>, falls
(5) stets $x_i \geq v_i = v (\{i\})$ $(i \in \Omega)$
   gilt. x heißt <u>Pareto optimal</u>, falls
(6) $x(\Omega) = \sum_{i \in \Omega} x_i = v(\Omega)$
   gilt.
   x heißt <u>Zuteilung</u> oder <u>Imputation</u>, falls (5) und (6) zugleich erfüllt sind. Die Menge der Imputationen sei mit $\mathfrak{J} = \mathfrak{J}(v)$ bezeichnet.

Kein Spieler kann gezwungen werden, weniger zu akzeptieren, als er selbst erreichen kann - daher wird es i. a. nur lohnen, individuelle rationale Auszahlungen in Betracht zu ziehen. Pareto Optimalität bedeutet andererseits, daß die Gesamtheit der Spieler den maximalen Gewinn erreicht. Ist eine solche Auszahlung gegeben, so kann keine Koalition ihren Gewinn verbessern, ohne einer anderen Koalition zu schaden.

<u>Definition</u> 1.3.   Es seien x,y Imputationen. Man sagt, <u>x dominiere y</u>
   via $S \in \underline{P}$ (und schreibt x dom$_S$ y), falls gilt
(7) $x(S) \leq v(S)$, $x_i > y_i$ $(i \in S)$

Häufig schreibt man nur x dom y, um anzudeuten, daß y von x via irgendein $S \in \underline{P}$ dominiert wird.

Wenn y von x dominiert wird, haben alle Spieler $i \in S$ ein Motiv, x vorzuziehen, und sie können darüberhinaus die Auszahlungen x_i an $i \in S$ auch durchsetzen.

Es sei $\mathcal{S}$ eine Menge von Imputationen und
(8)   dom$\mathcal{S} = \{x \in \mathfrak{J} \mid \exists y \in \mathcal{S}, y \text{ dom } x\}$
<u>Definition</u> 1.4. $\mathcal{S}$ heißt <u>stabil</u>, falls

      $\mathfrak{J} = \mathcal{S} + \text{dom}\,\mathcal{S}$

Für jedes $x \in \mathcal{S}$ weiß man sicher, daß es von keinem weiteren Element in

S dominiert wird. Für jede Imputation $x \notin S$ hingegen ist sicher, daß
sie dominiert wird. Wenn man sich daher einmal geeinigt hat, nur Imputationen aus S zuzulassen, so kann man sicher sein, daß eine einmal
vereinbarte Imputation $x \in S$ nicht angegriffen wird. Anlaß zu solcher
Einigung besteht, da alle Imputationen außerhalb S Angriffen gegenüber offen stehen und daher unsicher oder instabil sind. Stabile
Mengen sind in einer etwas weiter ausgelegten Interpretation auch
"allgemein anerkannte Verhaltensmaßstäbe" genannt worden. [NM]

<u>Satz</u> 1.5.   Sei $x \in \mathfrak{I}$. Genau dann existiert $y \in \mathfrak{I}$, v dom x, wenn
$x(S) < v(S)$ gilt.

Beweis.   Falls y existiert, hat man
$$v(S) \geq y(S) = \sum_{i \in S} y_i > \sum_{i \in S} x_i = x(S).$$

Sei umgekehrt $v(S) > x(S)$. Man setzt
$$\alpha = v(S) - x(S) > 0$$
$$\beta = v(\Omega) - v(S) - \sum_{i \in \Omega - S} v_i$$

$$\geq v(\Omega - S) - \sum_{i \in \Omega - S} v_i$$

$$\geq 0 \qquad (\text{da } v \in \mathcal{S})$$

Nun verteilt man α gleichmäßig an die Spieler von S; d.h. man setzt
$$y_i = x_i + \frac{\alpha}{|S|} \qquad i \in S$$

Nach Abzug von
$$\sum_{i \in S} y_i = v(S)$$

kann man jedem $i \in \Omega - S$ über v_i hinaus noch $\frac{\beta}{|\Omega - S|}$ zuteilen, also
$$y_i = v_i + \frac{\beta}{|\Omega - S|} \, . \quad (i \in \Omega - S)$$

Offenbar ist $y_i > x_i$ $(i \in S)$, $y_i \geq v_i$
$(i \in \Omega - S)$, $y(S) = v(S)$ und $y(\Omega) = y(S) + y(\Omega - S)$
$$= v(S) + v(\Omega) - v(S) = v(\Omega)$$

mithin $y \in \mathfrak{I}$ und $y \, \text{dom}_S \, x$.

<u>Definition</u> 1.6.   Das C<u>or</u>e von v ist die Menge
$$(9) \qquad \mathcal{C} = \mathcal{C}(v) = \{x \in \mathfrak{I} \mid x(S) \geq v(S)\}$$

Das Core muß nicht notwendig stabil sein - es können Elemente außerhalb von undominiert bleiben. Jedoch gilt

$\underline{\text{Satz}}$ 1.7.   Ist $\mathfrak{C}$ stabil, so ist es die einzige stabile Menge.

Beweis.   Satz 1.5. besagt, daß $\mathfrak{C} \subseteq (\mathrm{dom}\,\mathfrak{S})^{c}$

für alle $\mathfrak{S} \subseteq \mathfrak{J}$ gilt; ist $\mathfrak{S}$ stabil, so hat man

$$\mathfrak{J} = \mathfrak{S} + \mathrm{dom}\,\mathfrak{S}$$

also $\mathfrak{C} \subseteq \mathfrak{S}$. Daraus folgt $\mathrm{dom}\,\mathfrak{C} \subseteq \mathrm{dom}\,\mathfrak{S}$ ("dom" ist eine monotone
Operation). Ist $\mathfrak{C}$ ebenfalls stabil, so gilt

$$\mathfrak{J} = \mathfrak{C} + \mathrm{dom}\,\mathfrak{C} ,$$

so daß $\mathfrak{C} \subseteq \mathfrak{S}$ auch $\mathrm{dom}\,\mathfrak{C} \supseteq \mathrm{dom}\,\mathfrak{S}$ nach sich zieht. Mithin $\mathrm{dom}\,\mathfrak{C} = \mathrm{dom}\,\mathfrak{S}$
und $\mathfrak{C} = \mathfrak{S}$. q.e.d.

$\underline{\text{Satz}}$ 1.8.   Ist $m \in \mathfrak{K}$, so ist $\mathfrak{C}(m) = \mathfrak{C} = \mathfrak{S} = \{m\}$ die einzige stabile
Menge.

Beweis.   m ist die einzige Imputation.

$\underline{\text{Satz}}$ 1.9.   Sei v, $w \in \mathfrak{S}$ und $m \in \mathfrak{K}$ derart, daß

(10) $w = tv + m$

mit einem gewissen $t > 0$ gilt. Dann gibt es eine eineindeutige
Abbildung

$\psi: \mathfrak{J}(w) \longrightarrow \mathfrak{J}(v)$ mit folgenden Eigenschaften:

1. $x\ \mathrm{dom}_{S} y$ genau dann, wenn $\psi(x)\ \mathrm{dom}_{S}\ \psi(y)$

2. $\mathfrak{S}$ ist stabil genau dann, wenn $\psi(\mathfrak{S})$ stabil ist.

Man beachte , daß links jeweils Aussagen bezüglich w und rechts Aussagen bezüglich v gemacht werden.

Beweis.   Für $x \in \mathfrak{J}(w)$ sei $\psi(x) = tx + m$.

Dann sind z. B. die folgenden Aussagen äquivalent:

$x\ \mathrm{dom}_{S} y$;

$w(S) \geq x(S)$, $x_{i} > y_{i}$ $(i \in S)$;

$tw(S) + m(S) \geq tx(S) + m(S),$

$tx_{i} + m_{i} > ty_{i} + m_{i}$;

$v(S) \geq \psi(x)(S)$, $\psi_{i}(x) > \psi_{i}(y)$;

die anderen Behauptungen beweist man ähnlich. Zur Umkehrung sei übrigens auf $[\mathrm{MKI}]_{1}$ hingewiesen.

Ist $v \in \mathfrak{S}$ aber $v \notin \mathfrak{K}$, so kann man nach Satz 1.9. bei der Berechnung sta-
biler Mengen sich auf den Fall $v_{i} = 0$ $(i \in \Omega)$, $v(\Omega) = 1$ beschränken.
Anderenfalls betrachtet man nämlich

$$w(S) = \frac{1}{v(\Omega) - \sum_{i \in \Omega} v_{i}}\, v(S) - \frac{\sum_{i \in S} v_{i}}{v(\Omega) - \sum_{i \in \Omega} v_{i}} .$$

(Man verifiziert, daß $v(\Omega) > \sum_i v_i$ richtig ist).

$\underline{\underline{2.}}$ Eine besondere Klasse von Spielen bilden diejenigen, für die

$$(1) \qquad v(S) + v(S^C) = v(\Omega) \qquad\qquad (S \underline{\underline{\in}} P)$$

gilt. ("Konstantsummenspiele"). Für n = 3 ist nach Normierung vermöge Satz 1.9. das einzige (1) erfüllende Spiel durch

$$(2) \qquad \begin{aligned} v_i &= 0 & i \in \Omega = \{1,2,3\} \\ v(\{i,j\}) &= 1 & i,j \in \Omega,\ i \neq j. \\ v(\Omega) &= 1 \end{aligned}$$

gegeben. Dieses Spiel hat kein Core: denn wäre $x \in \mathcal{C}(v)$, so müßte

$$x_1 + x_2 \geq 1$$
$$x_1 + x_3 \geq 1$$
$$x_2 + x_3 \geq 1 \quad,$$

also $2(x_1 + x_2 + x_3) \geq 3$ gelten, im Widerspruch zu $x(\Omega) = 1$. Dagegen gibt es stabile Mengen.

<u>Satz</u> 2.1. [NM] Die stabilen Mengen des durch (2) beschriebenen Spieles sind genau die folgenden:

$$(3) \qquad \mathcal{S}^\circ = \{(0,\tfrac{1}{2},\tfrac{1}{2}),\ (\tfrac{1}{2},0,\tfrac{1}{2}),\ (\tfrac{1}{2},\tfrac{1}{2},0)\}$$
$$\mathcal{S}_i^c = \{x \in R^{3+} \mid x(\Omega) = 1,\ x_i = c\} \qquad (i \in \Omega,\ 0 < c < \tfrac{1}{2})$$

Beweis.   Wir haben
$$\mathcal{J}(v) = \{x \in R^{3+} \mid \sum_{i=1}^{3} x_i = 1\}$$

d.h., $\mathcal{J}(v)$ ist das von den Basisvektoren des R^3 aufgespannte Simplex. Dominationsrelationen können nur bezüglich zweielementiger Koalitionen auftreten: ist

$$x\ \mathrm{dom}_S\ y \qquad x,y \in \mathcal{J},\ S \underline{\underline{\in}} P$$

so ist $S \neq \Omega$, da $x_i > y_i$ und $x(\Omega) = y(\Omega) = v(\Omega) = 1$ unvereinbar sind. Es ist auch $S \neq \{i\}$ $(i \in \Omega)$, sonst hätte man $v_i \leq y_i < x_i = x(S) \leq v(S) = v_i$. Daher folgt: $\mathrm{dom}\ \{x\} = \{y \in \mathcal{J} \mid x\ \mathrm{dom}\ y\}$

$$= \{y \in \mathcal{J} \mid x_1 > y_1,\ x_2 > y_2\} \cup \{y \in \mathcal{J} \mid x_1 > y_1,\ x_3 > y_3\}$$
$$\cup \{y \in \mathcal{J} \mid x_2 > y_2,\ x_3 > y_3\}$$

Diese Menge kann in $\mathcal{J}$ wie folgt graphisch repräsentiert werden.

(4)

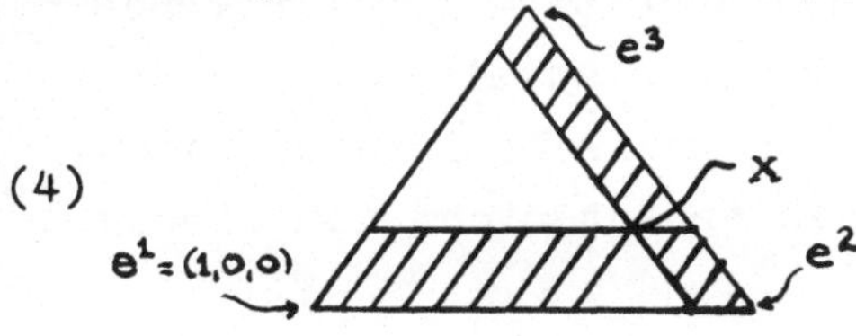

Man sieht genauso, daß die Menge

$$\{y \in J \mid y \text{ dom } x\}$$

in (4) gerade durch die nicht schraffierten Dreiecke repräsentiert
wird. Die Geraden, die parallel zu den Kanten des Dreiecks durch x
laufen, bestehen genau aus den Punkten, die bezüglich x weder dominieren noch dominiert werden. Daraus folgt, daß zwei Punkte einer
stabilen Menge auf einer Kantenparallelen liegen müssen.

Offenbar gibt es keine einpunktigen stabilen Mengen. Angenommen x,y
seien zwei Punkte einer stabilen Menge . Wir unterscheiden zwei Fälle.
Fall I.   Es gibt einen Punkt $z \in S$, der nicht mit x,y kollinear ist.
Da je zwei der fraglichen drei Punkte auf einer kantenparallelen Geraden liegen, sind nur die folgenden beiden Konfigurationen möglich:

(5)

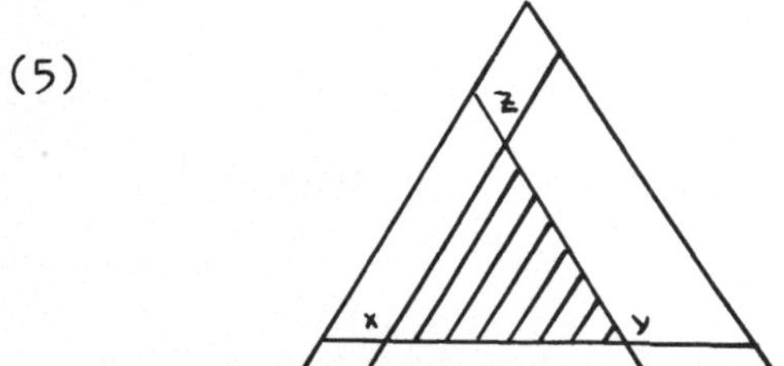
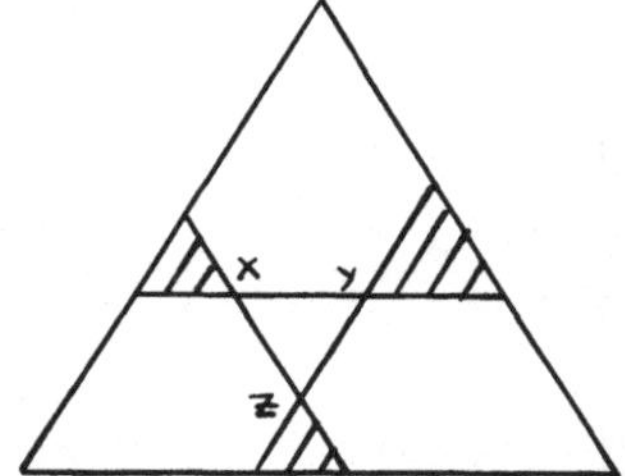

In beiden Figuren gibt es nicht dominierte Vektoren, die durch die
schraffierten Gebiete repräsentiert werden. Die linke Situation kann
daher nicht auftreten. Rechts gibt es genau eine Möglichkeit, die
drei Punkte so zu arrangieren, daß die undominierten Gebiete verschwinden:

(6) .

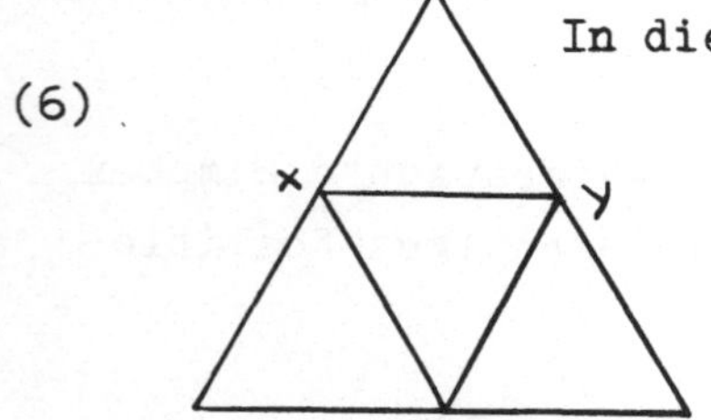

In diesem Fall liegt tatsächlich eine stabile
Menge vor, nämlich $S = S^0$.

Fall II. Alle Punkte in sind kollinear.
Dann müssen auch andererseits alle Punkte der durch x und y bestimmten Geraden in S liegen.

(7)

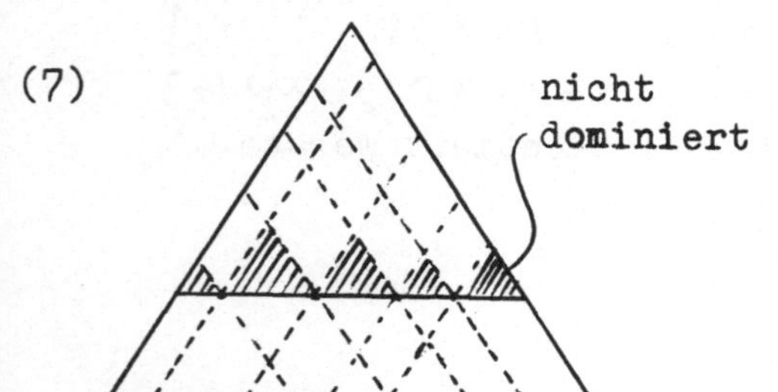

Sonst findet man stets undominierte
Auszahlungen in J.

Wenn andererseits die betreffende
Gerade zu nahe an einen der Eck-
punkte des Dreiecks herausrutscht,
entstehen erneut nicht dominierte

Punkte wie angedeutet. Sobald in Figur (8) die dritte Koordinate aller Punkte auf der Geraden in $(0,\frac{1}{2})$ **rangiert** , liegt eine stabile Menge vor, nämlich $S = S_c^i$. q:e.d.

Die Interpretation des Ergebnisses macht Schwierigkeiten, solange man stabile Mengen nur als "vernünftige Auszahlungen" ansieht. Wenn die Erklärung durch einen "Verhaltensstandard" akzeptiert wird, läßt sich Satz 2.1. etwa wie folgt deuten: S^o repräsentiert eine Situation, in der alle drei Spieler gleichberechtigt sind. Aufgrund eines Verhandlungsmechanismus,(für den wir uns nicht interessieren), werden je zwei sich die "Macht" (die Auszahlung) teilen, und einer geht leer aus. Die "große Koalition" ist ausgeschlossen. Ein Parlament, in dem drei Parteien sitzen, mag durchaus diesen Verhaltensstandard entwickeln.

Die Mengen S_c^i haben offenbar eine ganz andere Bedeutung. Hier gibt es einen "diskriminierten" Spieler, (z.B. eine extremistische Partei im Parlament), der von vornherein einen festen Betrag c zugeschrieben bekommt - die restlichen zwei Spieler verhandeln danach über alle möglichen Verteilungen der Restauszahlungen, sie spielen ein Zweipersonen-Nullsummenspiel. (Man sieht leicht, daß J die einzige stabile Menge für ein Zwei-Personen-Nullsummenspiel ist). Es ist auffallend, daß die diskriminierte Partei dennoch genug (außerparlamentarischen) Einfluß haben kann, um de facto die Macht bis zur Hälfte zu erobern: c kann nahezu $\frac{1}{2}$ werden.

Betrachten wir noch ein weiteres Beispiel. Es sei

(9) $\Omega = \{1,\ldots,n\}$ $L,R \in \underline{P}$, $L + R = \Omega$

    $v(S) = \min(|S \cap L|, |S \cap R|)$

Dieses Spiel wird häufig als das "Handschuhspiel" bezeichnet. Dabei ist L = {Besitzer linker Handschuhe}. Jemand außerhalb des Marktes zahlt für jedes Paar Handschuhe eine Geldeinheit. Dann mißt v den Erlös, den eine Koalition S erzielen kann. Natürlich ist es fraglich, ob eine Wertzuordnung in der geschilderten Weise konsistent ist - nicht in jeder Situation ist der Wert einer beliebigen Anzahl linker Handschuhe Null. Es lassen sich auch andere Interpretationen angeben.

Der erreichbare Gesamtgewinn ist

    $v(\Omega) = \min(|L|, |R|)$.

Man kann sich nun vorstellen, daß durch einen Verhandlungsmechanismus, (den wir außer acht lassen), folgendes Verfahren festgelegt wird:

Man wählt eine Zahl p (Preis) mit $o \leqslant p \leqslant 1$ und bestimmt, daß der Anteil $pv(\Omega)$ an die Besitzer linker Handschuhe aufgeteilt wird, entsprechend geht $(1-p) v (\Omega)$ an die Koalition R. Eine sinnvolle Gewinnverteilung ist danach

$$(10) \qquad x_i^p = \begin{cases} \dfrac{pv(\Omega)}{|L|} & i \in L \\[2mm] \dfrac{(1-p)v(\Omega)}{|R|} & i \in R \end{cases}$$

<u>Satz</u> 2.2. Ist v durch (9) gegeben, so ist
$$\mathcal{S} = \{x^p \mid o \leqslant p \leqslant 1\} \qquad \text{stabil.}$$
Beweis. 1. x^p ist eine Imputation: wir haben
$$v_i = \min \left(|\{i\} \cap L|, |\{i\} \cap R| \right) = o \leqslant x_i^p \qquad \text{und}$$
$$x^p(\Omega) = x^p(L) + x^p(R)$$

$$= \sum_{i \in L} x_i^p + \sum_{i \in R} x_i^p$$

$$= pv(\Omega) + (1-p) v (\Omega) = v(\Omega)$$

2. Jedes $y \in \mathcal{J} - \mathcal{S}$ wird durch ein $x \in \mathcal{S}$ dominiert:
Sei nämlich $y \notin \mathcal{S}$ sowie
$$(11) \qquad p_1 = \max \{p \mid x_i^p \leqslant y_i \ (i \in L)\}$$
$$p_2 = \min \{p \mid x_i^p \leqslant y_i \ (i \in R)\}$$
Wegen
$$\sum_{i \in \Omega} y_i = \sum_{i \in L} y_i + \sum_{i \in R} y_i$$

$$\geqslant \sum_{i \ L} x_i^{p_1} + \sum_{i \ R} x_i^{p_2}$$

$$= p_1 v(\Omega) + (1 - p_2)v(\Omega)$$

$$= (p_1 - p_2)v(\Omega) + v(\Omega)$$

folgt $p_1 \leqslant p_2$, da $y \in \mathcal{J}$. Wäre tatsächlich $p_1 = p_2$, so könnte man aus
$$(13) \quad x_i^{p_1} = x_i^{p_2} = y_i \quad (i \in \Omega), \text{ also } y = x^p \text{ schließen. Mithin ist}$$

$$(13) \qquad p_1 < p_2 \ .$$

Sei $\bar{p}$ so gewählt, daß $p_1 < \bar{p} < p_2$ richtig ist. Dann gibt es $i_o \in L$ und $j_o \in R$ derart, daß

$$(14) \qquad x_{i_o}^{\bar{p}} > y_{i_o}$$

$$x_{j_o}^{\bar{p}} > y_{j_o} \qquad \text{gilt. Ferner haben wir}$$

$$x^{\bar{p}}_{i_0} + x^{\bar{p}}_{j_0} = \bar{p}\,\frac{v(\Omega)}{|L|} + (1-\bar{p})\,\frac{v(\Omega)}{|R|}$$
$$\leq \bar{p} + (1-\bar{p})$$
$$= 1 = v(\{i_0\},\{j_0\}).$$

Aus (14) und (15) ersieht man
$$x^{\bar{p}} \; \mathrm{dom}_{\{i_0,j_0\}} \; y \; .$$

3. Schließlich gibt es keine wechselseitige Domination unter Elementen von $\mathfrak{S}$. Es sei nämlich
$$x^{p} \; \mathrm{dom}_{S} \; x^{p'}$$
angenommen. Wir betrachten den Fall $p<p'$ ($p>p'$ wird genau analog behandelt). Dann ist
$$x^{p}_{i} < x^{p'}_{i} \qquad (i\in L)$$
und daher muß $S \subseteq K$ sein. Folglich ist $v(S) = 0$ und $\sum_{i\in S} x^{p}_{i} \leq v(S) = 0$
zieht $x^{p}_{i} = (i\in S)$ nach sich. Dann kann nicht $x^{p}_{i} > x^{p'}_{i} \geq 0$ $(i\in S)$ gelten, q.e.d.

<u>3.)</u> Ein allgemeines Verfahren zur Berechnung aller stabilen Mengen eines Spieles $v\in\emptyset$ ist nicht bekannt. Man hat lange Zeit vermutet, daß stabile Mengen stets existieren, dies ist jedoch in $[LU]_2$ widerlegt worden. In einem wohl definierten Sinne hat ein positiver Bruchteil aller Spiele stabile Mengen $([GI])$, jedoch treten auch sehr pathologische Formen darunter auf. Eine Übersicht findet man in $[LU]_1$. Da die stabilen Mengen nur am Rande des uns interessierenden Gebietes liegen, gehen wir nicht weiter darauf ein.

§ 2 Konvexe Spiele

<u>1.)</u> Es sei $\Omega = \{1,\ldots,n\}$ die Spielermenge, und $v:\underline{\underline{P}}(\Omega) \to \mathbb{R}^{+}$ eine Mengenfunktion mit folgenden Eigenschaften:

(1) $\qquad v(\emptyset) = 0$

(2) $\qquad v(S) + v(T) = v(S\cup T) + v(S\cap T) \qquad (S,T\in\underline{\underline{P}} = \underline{\underline{P}}(\Omega))$

Funktionen dieser Bauart heißen <u>konvex</u>. Die Menge der konvexen Funktionen bezeichnen wir mit $\emptyset$. Für die Bezeichnungsweise kann man folgende Rechtfertigung angeben: die "ersten Differenzen"

(3) $\qquad v(S+T) - v(S) \qquad\qquad (S,T \in \underline{\underline{P}})$

sind monoton steigend in S für festes T.

Es sei

(4) $\qquad f: \quad \mathbb{R}^+ \rightarrow \mathbb{R}^+$

eine konvexe Funktion (d.h. $(f(\alpha x + (1 - \alpha) y) \leq f(x) + (1-\alpha) f(y)$,
$x,y \ \mathbb{R}^+$, $o \leq \alpha \leq 1)$, die $f(o) = 0$ erfüllt. f ist monoton wachsend, stetig und fast überall differenzierbar; rechte und linke Ableitungen
existieren stets.

Man kann leicht sehen, daß die "ersten Differenzen"

(5) $\qquad f(x+y) - f(x) \qquad\qquad (x,y \ \mathbb{R}^+)$

für festes y in x monoton wachsen; (falls f" existiert, ist dieses
mit $f" \geq o$ äquivalent). Nimmt man daher irgendeine <u>additive</u> Mengenfunktion

(6) $\qquad m: \underline{\underline{P}} \rightarrow R^+$,

so ist

(7) $\qquad fom(\cdot) = f(m(\cdot))$

eine konvexe Mengenfunktion.

<u>2.)</u> Es wird sich nun herausstellen, daß man das Core $\mathbb{C}$ einer kon-
vexen Funktion v sehr gut in der Hand hat. $\mathbb{C}$ ist stets nicht leer,
und die Extremalpunkte sind aufgrund eines einfachen Rechenverfahrens
zu erhalten. ($[S]_1$).
In der Tat legt (3) nahe, daß ein Core existiert. Man überlegt sich
nämlich, daß

(8) $\qquad v(S + \langle i \rangle) - v(S) \qquad \uparrow_S$

mit (3) äquivalent ist. (8) besagt nun, daß der Spieler i sich mit
Vorteil immer größeren Koalitionen anschließen soll; es besteht daher
ein Hang zur Bildung großer Koalition. Folglich ist zu erwarten, daß
sich die größte Koalition bildet und kleinere nicht opponieren werden-
d.h. wir erwarten die Existenz eines Core-Elements.

<u>Satz</u> 2.1. Ist $v \in \emptyset$ so ist stets $\mathbb{C} = \mathbb{C}(v) \neq \emptyset$

Beweis. Durch Induktion. Für n = 1 ist nichts zu beweisen. Es sei der
Satz für n - 1 bewiesen. Sei $\Omega = \langle 1,\ldots,n \rangle$ und T eine Menge der Mäch-
tigkeit n - 1. Dann hat

$\qquad\qquad v^o(S) = v(S \cap T)$

nichtleeres Core, d.h. es gibt ein additives m^o mit

(9) $\qquad m^o(S) \geq v^o(S)$

$\qquad\qquad m^o(T) = m^o(\Omega) = v^o(T) = v^o(\Omega).$

Wir definieren ein additives m durch

(10) $m_i = m_i^o$ $i \in T$

         $m_i = v(\Omega) - v(T)$ $i \notin T$

Dann gilt

$$m(\Omega) = \sum_\Omega m_i$$

$$= \sum_T m_i^o + v(\Omega) - v(T)$$

$$= m^o(T) + v(\Omega) - v(T)$$

$$= v(\Omega)$$

und für $S \subseteq T$

$$m(S) = m^o(S) \geq v^o(S) = v(S).$$

Für $S \subsetneq T$ ist darüberhinaus

(12) $m(S) = m^o(S \cap T) + m_{i_o}$ $(i_o \notin T)$

$$\geq v^o(S \cap T) + m_{i_o}$$

$$= v(S \cap T) + v(\Omega) - v(T)$$

$$= v(S - \{i_o\}) + v(\Omega) - v(\Omega - \{i_o\})$$

$$\geq v(S),$$

wobei wir in der letzten Ungleichung von (8) Gebrauch gemacht haben.
q.e.d.
Die Beweisidee ist recht durchscheinend: man verteile an die Koalition
T gemäß einer Core-Auszahlung aus $\mathcal{C}(v^o)$ und gebe dem neu hinzukom-
menden Spieler i_o alles, was er der großen Koalition hinzugewinnt.

3.) Es ist nun naheliegend zu fragen, welche Rolle die Core-Elemente
===   spielen, die man durch Variation von T erhält. Da ferner die
Durchführung der Induktion auch für die n-2-elementigen Untermengen
von T mehrere Core-Elemente von v^o liefert (usw.), wird man zu folgender Konstruktion geführt:

Satz 3.1. Es sei
(1) $\emptyset = S_o \subseteq S_1 \subseteq \ldots \subseteq S_n = \Omega$
    eine strikt aufsteigende Folge von Koalitionen in Ω mit $|S_i - S_{i-1}| = 1$
    (i=1,...,n). Dann ist durch
(2) $x(S_i - S_{i-1}) = v(S_i) - v(S_{i-1})$
    ein Element $x \in \mathcal{C}(v)$ definiert.
Beweis. Wie in Satz 2.1.

Das durch (1) beschriebene Verfahren ist durchaus anschaulich: die
leere Koalition S_o wird sukzessive durch Eintritt weiterer Spieler
auf vergrößert. Man beachte, daß es vorteilhaft ist, recht spät ein-
zutreten. Die Reihenfolge des Eintritts definiert nun eine gewisse
Neuordnung oder (äquivalent) eine Permutation π der Spieler untereinander. In der Tat, die zu (1) gehörige Permutation π ist durch

(3) $\pi(S_i - S_{i-1}) = i$ $(i = 1, \ldots, n)$

vollständig definiert. Umgekehrt sei für jede Permutation

$$\pi : \Omega \to \Omega$$

die Menge der ersten i Spieler in der durch π induzierten Ordnung durch

(4) $S_i^\pi = \{k \mid \pi(k) \leq i\}$

definiert. Wenn π vermöge (3) aus (1) gewonnen ist, hat man für $k \in S_i, k \in$
$S_j - S_{j-1}$ (für ein $j \leq i$), $\pi(k) = \pi(S_j - S_{j-1}) = j \leq i$; mithin

$$S_i^\pi = S_i$$

Daher gilt

<u>Satz</u> 3.2. $([S]_1)$ Für jede Permutation

$\pi : \Omega \to \Omega$ ist die durch

(5) $x_{\pi^{-1}(i)}^\pi = v(S_i) - v(S_{i-1})$

   definierte Mengenfunktion x^π ein Element von $\mathcal{C}(v)$.

<u>Bemerkung</u>: Offenbar ist

(6) $x_k^\pi = v(S_{\pi(k)}) - v(S_{\pi(k)-1})$

<u>4.)</u>

<u>Satz</u> 4.1. $([S]_1)$ Jedes durch (5) bestimmte x^π ist ein Extremalpunkt
   von $\mathcal{C}$, und alle Extremalpunkte werden auf diese Weise erhalten.
Beweis. $\mathcal{C}$ ist ein beschränkter, kompakter konvexer Polyeder in $\mathbb{R}^n$.
Nach einem bekannten Satz (siehe z. B. $[BU]_1$) erhält man alle Extremalpunkte als eindeutige Lösung eines Systems von n Gleichungen, die
man aus den definierenden Ungleichungen des Polyeders herausgreift,
wobei man noch nachzuprüfen hat, daß die so erhaltenen Lösungen auch
wirklich Punkte des Polyeders sind.
Wegen $\underline{3.)}$(2) gilt nun für vorgegebenes $x^\pi = x$ und $S_i^\pi = S_i$:

$$x(S_i) = x(S_i - S_{i-1}) + x(S_{i-1} - S_{i-2}) + \ldots + x(S_1 - S_o)$$
$$= v(S_i)$$

d.h. x ist Lösung eines Systems von n Gleichungen. Wegen $\underline{3.)}$ (5) ist
x eindeutige Lösung dieses Systems. Nach Satz 3.2. ist $x \in \mathcal{C}$, somit

ist x extremal.

Sei umgekehrt $\bar{x}$ irgendein Extremalpunkt. Wir betrachten das System

(1) $\quad \underline{\underline{S}} = \{ S \in \underline{\underline{P}} \mid \bar{x}(S) = v(S) \}$

$\underline{\underline{S}}$ ist gegen die Bildung von Durchschnitten und Vereinigungen abgeschlossen: sei nämlich $S, T \in \underline{\underline{S}}$, dann ist

(2) $\quad v(S \cup T) \leqslant x(S \cup T)$

$\qquad\qquad = x(S) + x(T) - x(S \cap T)$

$\qquad\qquad \leqslant v(S) + v(T) - v(S\ T)$

$\qquad\qquad = v(S \cup T)$

und mithin $S \cup T \in \underline{\underline{S}}$. $S \cap T \in \underline{\underline{S}}$ zeigt man genau so.

Sei

(3) $\quad 0 = S_0 \underset{\neq}{\subseteq} S_1 \underset{\neq}{\subseteq} \cdots \underset{\neq}{\subseteq} S_m = \Omega$

ein aufsteigendes System maximaler Länge in $\underline{\underline{S}}$. Wenn $m = n$ ist, sind
wir fertig. Wnn $m < n$ gilt, finden wir ein S_k mit

$\qquad |S_{k+1} - S_k| \geqslant 2$

Es sei etwa $\{i,j\} \subseteq S_{k+1} - S_k$.

Da $\bar{x}$ als Extremalpunkt eindeutige Lösung des Systems

(4) $\quad \sum_{S} x_i = v(S) \qquad S \in \underline{\underline{S}}$

ist, muß es (oBdA) mindestens ein $S \in \underline{\underline{S}}$ geben derart, daß

$\qquad i \in S, \ j \notin S$

richtig ist. Die Menge

$\qquad T = (S \cup S_k) \cap S_{k+1}$

ist wegen der Abgeschlossenheit von $\underline{\underline{S}}$ gegen Durchschnitts- und Ver-
einigungsoperation ein Element von $\underline{\underline{S}}$, sie leistet zudem

$\qquad S_k \underset{\neq}{\subseteq} T \underset{\neq}{\subseteq} S_{k+1}$

Da (3) bereits maximal gewählt war, kann der Fall $m < n$ nicht auftreten, q.e.d.

Nach dem Satz von Minkowski (Krein-Milman) über die Darstellung kon-
vex-kompakter Mengen durch ihre Extremalpunkte haben wir mit Satz 4.1.
das Core vollständig in der Hand. Allerdings kann es passieren, daß
mehrere Systeme $\underline{3.2}$(1) (oder mehrere Permutationen π) dasselbe x^{π}
liefern.

$\underline{\text{Satz}}$ 4.2. Es sei $v \in \emptyset$ von der Art, daß für $S, T \in \underline{\underline{P}}$, $S - T \neq \emptyset$, $T - S \neq \emptyset$ stets

(5) $\quad v(S) + v(T) < v(S \cup T) + v(S \cap T)$ gilt. Dann sind sämtliche x^{π}

verschieden. In diesem Falle hat man also genau $n!$ Extremalpunkte

in $\mathbb{C}$.

Beweis. Es mögen S, T die Voraussetzungen des Satzes erfüllen. Sei $\bar{x}$
irgendein Extremalpunkt von $\mathbb{C}$.

Aus $x(S) = v(S)$, $x(T) = v(T)$ müßte aufgrund der Eigenschaften von $\underline{\underline{S}}$
$x(S \cup T) = v(S \cup T)$, $x(S \cap T) = v(S \cap T)$ gefolgert werden; dies würde

$$v(S) + v(T) = x(S) + x(T)$$
$$= x(S \cup T) + x(S \cup T)$$
$$= v(S \cup T) + v(S \cap T)$$

nach sich ziehen, im Widerspruch zu (5). Mithin gilt:

Ist $\bar{x}$ extremal in und $S, T \in \underline{\underline{S}}$, so hat man entweder $S \subseteq T$ oder $S \supseteq T$.

Die Mengen aus $\underline{\underline{S}}$ lassen sich daher anordnen

$$\emptyset = S_0 \subsetneq S_1 \subsetneq \cdots \subsetneq S_m = \Omega.$$

Wir haben schon gesehen, daß $m = n$ gelten muß, mithin ist die Beziehung zwischen dem Extremalpunkt $\bar{x}$ und dem System $\underline{5.)}(1)$ eineindeutig.

$\underline{\underline{5.)}}$ $\underline{Satz}$ 5.1.   Sei $v \in \emptyset$. Dann ist $\mathcal{C} = \mathcal{C}(v)$ stabil. Es gibt keine weiteren stabilen Mengen.

Beweis. Jedes $x \in \mathcal{C}$ ist undominiert. Es gelte nämlich

$$y \ dom_S x \ ,$$

dann liefert

$$v(S) \geqq y(S) = \sum_S y_i > \sum_S x_i = x(S) \geqq v(S)$$

einen Widerspruch. Also muß jede stabile Menge das Core enthalten. Da stabile Mengen aber entweder disjunkt sind oder zusammenfallen, genügt es zu zeigen, daß jede Imputation $x \notin \mathcal{C}$ durch passendes $y \in \mathcal{C}$ dominiert wird.

In der Tat sei für festes $x \notin \mathcal{C}$

$$(1) \qquad \alpha = \max_{\substack{S \in \underline{\underline{P}} \\ S = \emptyset}} \frac{v(S) - x(S)}{|S|} > 0$$

diejenige Größe, die die maximale Unzufriedenheit eines Spieles i mit der Auszahlung x mißt und $T \in \underline{\underline{P}}$ eine Koalition, die

$$(2) \qquad \alpha = \frac{v(T) - x(T)}{|T|}$$

leistet. Es liegt nahe, einen Vektor y zu konstruieren, der x via S dominiert.

Nach Satz 3.1. kann sich die Koalition T ein $z \in \mathcal{C}$ sichern mit $z(T) = v(T)$. Man teile nun den Spielern $i \in \Omega - T$ den Betrag z_i zu und den Spielern $i \in T$ jeweils $x_i + \alpha$. Formal:

$$y_i = \begin{cases} x_i + \alpha & i \in T \\ z_i & i \in T^c \end{cases}$$

Dann ist y Imputation, denn

$$
\begin{aligned}
y(\Omega) &= y(T) + y(\Omega - T) \\
&= x(T) + \alpha |T| + z(\Omega - T) \\
&= x(T) + v(T) - x(T) + v(\Omega) - v(T) \\
&= v(\Omega)
\end{aligned}
$$

y ist auch im Core, denn

$$
\begin{aligned}
y(S) &= y(S \cap T) + y(S - T) \\
&= x(S \cap T) + \alpha |S \cap T| + z(S - T) \\
&\geq x(S \cap T) + \frac{v(S \cap T) - x(S \cap T)}{|S \cap T|} |S \cap T| + z(S-T) \\
&= v(S \cap T) + z(S-T) \\
&= v(S \cap T) + z(S \cup T) - z(T) \\
&\geq v(S \cap T) + v(S \cup T) - v(T) \\
&\geq v(S).
\end{aligned}
$$

Da schließlich offenbar

$$
y \ \mathrm{dom}_T \ x
$$

gilt, ist der Satz bewiesen.

Ein typisches Beispiel für ein konvexes Spielen liefern die "Ein-stimmigkeitsspiele" e_T $(T \in \underline{P})$, die durch

$$
(3) \qquad e_T(S) = \begin{cases} 1 & S \geq T \\ 0 & \text{sonst} \end{cases} \qquad \text{definiert sind.}
$$

Eine Koalition S gewinnt in einem solchen Spiel genau dann, wenn die Koalition T ihr angehört. Offenbar ist

$$
(4) \qquad \mathcal{C} = \mathcal{C}(e_T) = \{ x \in \mathcal{K} \mid x(T) = x(\Omega) = 1 \}
$$

d.h., das Core enthält genau die auf T konzentrierten Verteilungen. Die Extremalpunkte von $\mathcal{C}$ sind die "Punktmassen"

$$
(5) \qquad \delta_i(S) = \begin{cases} 1 & i \in S \\ 0 & i \notin S \end{cases} \qquad \text{für } i \in T.
$$

Die "Gleichverteilung" $m \in \mathcal{K}$ ist definiert durch

$$
(6) \qquad m_i = \frac{1}{n} \qquad i \in \Omega
$$

Das Spiel

$$
(7) \qquad e(\cdot) = \frac{1}{1 - \frac{k}{n}} \left(m(\cdot) - \frac{k}{n} \right)^+
$$

$(o < k < n, \ \alpha^+ = \max(o, \alpha)$ für jedes reelle $\alpha)$ ist ein Element von $\emptyset$.

Ist $x \in \mathcal{C} = \mathcal{C}(e)$, so muß

$$x(\Omega - \{i\}) \geq e(\Omega - \{i\})$$

gelten; daraus folgt

$$(8) \qquad x_i \leq \frac{m_i}{1 - \frac{k}{n}}$$

Ist andererseits (8) für ein $x \in \mathcal{X}$ erfüllt und $m(F) \geq \frac{k}{n}$, so folgt

$$e(F) = \frac{1}{1 - \frac{k}{n}} \left(m(F) - \frac{k}{n} \right)$$

$$= \frac{1}{1 - \frac{k}{n}} \left(1 - m(F^C) - \frac{k}{n} \right)$$

$$= 1 - \frac{m(F^C)}{1 - \frac{k}{n}} \leq 1 - x(F^C) = x(F),$$

d.h., (8) ist notwendig und hinreichend für $x \in \mathcal{C}$. Man sieht leicht, daß die Extremalpunkte von $\mathcal{C}$ genau diejenigen $x \in \mathcal{C}$ sind, die

$$x_i = \begin{cases} \dfrac{m_i}{1 - \frac{k}{n}} \\[2ex] 0 \end{cases}$$

erfüllen.

§ 3   Balancierte Spiele

1.) Im vorhergehenden Paragraphen hat sich gezeigt, daß man das Core konvexer Spiele recht gut in der Hand hat: es ist stets nicht leer, und seine Extremalpunkte lassen sich mit Hilfe eines anschaulichen Verfahrens leicht ausrechnen.

Faßt man jedes Spiel

$$v: \underline{P} \rightarrow \mathbb{R}^+$$

als Vektor im $\mathbb{R}^{2^n - 1}$ mit den Komponenten $v(S)$ ($S \in \underline{P}$, $S \neq \emptyset$) auf, so bilden die konvexen Spiele einen abgeschlossenen konvexen Kegel (d.h. mit v ist auch λv ($\lambda \geq 0$) konvex). Wie jeder abgeschlossene konvexe Kegel ist $\emptyset$ darstellbar als Durchschnitt aller derjenigen abgeschlossenen Halbräume, die $\emptyset$ enthalten, d.h., v ist Element von $\emptyset$ genau dann, wenn eine Familie von Ungleichungen von v erfüllt wird.

Dieses System ist im Falle von $\emptyset$ nur endlich, da man ja nur die endlich vielen Ungleichungen

$$v(S) + v(T) \leq v(S \cup T) + v(S \cap T)$$
$$v(S) \geq 0 \qquad (S, T \in \underline{P})$$

nachzuprüfen hat. $\emptyset$ ist daher ein Polyederkegel.

Wenden wir uns nun dem Problem zu, die Menge aller v zu finden, deren Core nicht leer ist. Diese Menge ist ebenfalls ein konvexer abgeschlossener Kegel in $\mathbb{R}^{2n-1}$, wie man sich leicht überzeugt. Es soll gezeigt werden, daß auch dieser Kegel ein Polyeder ist, der $\emptyset$ enthält.

2.) Betrachten wir als Beispiel den Fall $n = 3$. Sei o.B.d.A.

(1) $\qquad v(\{i\}) = v_i = 0 \qquad\qquad i = 1,2,3$

$\qquad\qquad v(\Omega) = 1$

Wir schreiben v_{ij} für $v(\{ij\})$ usw... v hat nicht leeres Core genau dann, wenn es $x \in \mathbb{R}^n$ gibt mit

(2) $\qquad x_1 \geq 0, \quad x_2 \geq 0, \quad x_3 \geq 0$

$\qquad\qquad x_1 + x_2 \geq v_{12}, \; x_1 + x_3 \geq v_{13}, \; x_2 + x_3 \geq v_{23}$

$\qquad\qquad x_1 + x_2 + x_3 = 1$

Man kann nun Bezeichnungen für v daraus herleiten, z.B.

$$v_{12} \leq x_1 + x_2 \leq 1 \qquad \text{und}$$
$$v_{12} + v_{13} + v_{23} \leq x_1 + x_2 + x_1 + x_3 + x_2 + x_3 \leq 2$$

Das System

(3) $\qquad v_{12} \leq 1, \; v_{13} \leq 1, \; v_{23} \leq 1$

$$\tfrac{1}{2}v_{12} + \tfrac{1}{2}v_{13} + \tfrac{1}{2}v_{23} \leq 1$$

liefert also eine notwendige Bedingung dafür, daß v ein nicht leeres Core hat.

Wir überzeugen uns davon, daß (3) auch hinreichend ist, indem wir verifizieren, daß durch

(4) $\qquad x_1 = 1 - v_{23}$

$\qquad\qquad x_2 = \min(v_{23}, \; 1 - v_{13})$

$\qquad\qquad x_3 = \max(0, \; v_{13} + v_{23} - 1)$

ein Core-Element von v gegeben ist, falls v (3) erfüllt.

Für n = 3 bilden die Spiele mit Core also tatsächlich einen Polyederkegel. Wenn man die Normierungsbedingungen aufgibt, müssen die folgenden Ungleichungen genau erfüllt sein (vgl. (3)):

(5) $v_3 + v_{12} \leqslant v_{123}, \quad v_2 + v_{13} \leqslant v_{123}, \quad v_1 + v_{23} \leqslant v_{123}$

$$\tfrac{1}{2} v_{12} + \tfrac{1}{2} v_{13} + \tfrac{1}{2} v_{23} \leqslant v_{123}$$

Jede Ungleichung in (5) hat die Eigenschaft, daß Gleichheit herrscht
für $v \in \mathcal{K}$.

3.) <u>Definition</u> 3.1.   1. Ein Mengensystem $\underline{\underline{S}} \subseteq \underline{\underline{P}}$ ($\emptyset \notin \underline{\underline{S}}, \Omega \notin \underline{\underline{S}}$) heißt
<u>balanciert,</u> falls es Konstanten $c_S > 0$ ($S \in \underline{\underline{S}}$) gibt, derart, daß

(1) $\sum_{S \in \underline{\underline{S}}} c_S 1_S(\cdot) = 1_\Omega(\cdot)$

gilt. Die c_S heißen Gewichte. (1_S ist die Indikatorfunktion von S)
2. Eine Mengenfunktion

$$v: \underline{\underline{P}} \to \mathbb{R}^+, \quad v(\emptyset) = 0$$

heißt <u>balanciert,</u> falls für jedes balancierte $\underline{\underline{S}}$ mit Gewichten
$c_S (S \in \underline{\underline{S}})$ stets

(2) $\sum_{S \in \underline{\underline{S}}} c_S \, v(S) \leqslant v(\Omega)$

gilt. $\mathcal{B}$ sei die Menge der balancierten Spiele.
<u>Bemerkung.</u> Genau dann ist $\underline{\underline{S}}$ balanciert, wenn

(3) $\sum_{S \in \underline{\underline{S}}} c_S \, m(S) = m(\Omega)$,

gilt für alle $m \in \mathcal{K}$.

In $\underline{2.}$)(5) haben wir es daher mit balancierten Mengen in jeder der
auftauchenden Ungleichungen zu tun; z.B. ist

$$\underline{\underline{S}} = \{\{12\}, \{13\}, \{23\}\}$$

balanciert mit $c_{\{12\}} = c_{\{13\}} = c_{\{23\}} = \tfrac{1}{2}$.

Der Abschnitt 2. lehrt daher, daß man für gewisse balancierte Mengen-
systeme die Ungleichung (2) nachprüfen muß, um sicherzustellen, daß
v nicht leeres Core hat (n = 3). Jedes balancierte Spiel hat also
nicht leeres Core (n = 3). Wir werden nun versuchen, dieses Ergebnis zu verallgemeinern und zu präzisieren.

<u>Satz</u> 3.2.($[S]_2$) $v \in \mathcal{B}$ genau dann, wenn $\mathcal{C}(v) \neq \emptyset$.

Beweis. Es ist vorteilhaft, für den Moment auch negativwertige Mengenfunktionen zuzulassen. Sei

$$\mathcal{W}^1 = \{v \mid v: \underline{\underline{P}} \to \mathbb{R}, \; v(0) = \emptyset, \; v(\Omega) > 0, \; \mathcal{C}(v) \neq \emptyset \}$$

$$\mathcal{W}^2 = \{v \mid v: \underline{\underline{P}} \to \mathbb{R}, \; v(0) = \emptyset, \; v(\Omega) > 0, \; v \text{ balanciert} \}$$

Wir haben $\mathcal{W}^{1+} = \mathcal{W}^{2+} = \mathcal{B}$ zu zeigen, hinreichend ist sicher $\mathcal{W}^1 = \mathcal{W}^2$.
1. $\mathcal{W}^1 \subseteq \mathcal{W}^2$. Sei $v \in \mathcal{W}^1$, $m \in \mathcal{C}(v)$. Dann gilt für balanciertes $\underline{\underline{S}}$

$$(4) \qquad v(\Omega) = m(\Omega) = \sum_{S \in \underline{\underline{S}}} c_S \, m(S) \geq \sum_{S \in \underline{\underline{S}}} c_S \, v(S),$$

also ist $v \in \mathcal{W}^2$.

2. Angenommen $\mathcal{W}^1 \subsetneq \mathcal{W}^2$; $\bar{v} \in \mathcal{W}^2 - \mathcal{W}^1$.
Da der konvexe Kegel $\mathcal{W}^1$ eine kompakte Basis
$$\mathcal{W}^1 \cap \{v \mid v(\Omega) = 1\}$$
besitzt, gibt es nach einem bekannten Trennungssatz eine Linearform

$$(5) \qquad L: \mathbb{R}^{2^n - 1} \to \mathbb{R}$$

$$L(v) = \sum_{T \in \underline{\underline{T}}} d_T v(T) \qquad \text{mit}$$

$$(6) \qquad \begin{aligned} L(v) &< 0 \qquad v \in \mathcal{W}^1 \\ L(\bar{v}) &> 0 \end{aligned}$$

Wegen $e_\Omega \in \mathcal{W}^1$ muß $d_\Omega < 0$ gelten. O. B. . A. ist $d_\Omega = -1$. (6) läßt sich daher schreiben

$$(7) \qquad \begin{aligned} \sum_{T \in \underline{\underline{T}}'} d_T \, v(T) &< v(\Omega) \qquad v \in \mathcal{W}^1 \\ \sum_{T \in \underline{\underline{T}}'} d_T \, \bar{v}(T) &> \bar{v}(\Omega) \qquad (\underline{\underline{T}}' = \underline{\underline{T}} - \langle \Omega \}) \end{aligned}$$

Für jedes $T_0 \neq \Omega$, $\emptyset$ ist mit beliebigem $\lambda > 0$:

$$v(S) = \begin{cases} -\lambda & D = T_0 \\ 1 & S = \Omega \\ 0 & \text{sonst} \end{cases}$$

in $\mathcal{W}^1$ und

$$\sum_{T \in \underline{\underline{T}}'} d_T \, v(T) = -\lambda d_T$$

Falls $d_T < 0$, ist für $\lambda = \dfrac{2}{d_T}$ die erste Ungleichung (7) verletzt, also ist stets o.B.d.A.

(8) $\qquad d_T > 0 \qquad (T \in \underline{\underline{T}}')$

Sei nun $m \in \cancel{K}$ von der Art, daß

(9) $\qquad \sum_{T \in \underline{\underline{T}}_1'} d_T\, m(T) < m(\ )$

Wir können stets $\frac{1}{2} < m(\Omega) < 1$ annehmen. Sei $v = e_\Omega - m$. Dann gilt:

$$\sum_{T \in \underline{\underline{T}}'} d_T\, v(T) = -\sum_{T \in \underline{\underline{T}}'} d_T\, m(T)$$

(10) $\qquad > m(\Omega)$
$\qquad\quad\; > 1 - m(\Omega)$
$\qquad\quad\; = v(\Omega)$

Da aber offenbar $v \in \cancel{W}^1$ gilt, ist (10) ein Widerspruch zu (7). Mithin ist für alle $m \in \cancel{K}$

(11) $\qquad \sum_{T \in \underline{\underline{T}}'} d_T\, m(T) = m(\Omega).$

Aus (8) und (11) folgert man nun, daß $\underline{\underline{T}}'$ balanciert ist und die d_T $(T \in \underline{\underline{T}}')$ Gewichte darstellen. Dies wiederum widerspricht der zweiten Zeile von (7), und wir haben somit $\cancel{W}^1 = \cancel{W}^2$ gezeigt.

4.) <u>Definition</u> 4.1.

1. $\underline{\underline{T}} \subseteq \underline{\underline{P}}$ heißt minimal balanciert, falls aus $\underline{\underline{S}} \subseteq \underline{\underline{T}}$, $\underline{\underline{S}}$ balanciert stets $\underline{\underline{S}} = \underline{\underline{T}}$ folgt.

2. Sei $\underline{\underline{S}}$ balanciert und c_S $(S \in \underline{\underline{S}})$ ein Satz von Gewichten. Dann heißt der durch c_S $(S \in \underline{\underline{S}})$ und durch

$$\check{c}_S = 0 \qquad S \not\in \underline{\underline{S}}, \; S \neq \emptyset, \; S \neq \Omega$$
$$c_\Omega = -1$$

definierte Vektor $c \in \mathbb{R}^{2^n - 1}$ ein <u>Gewichtsvektor</u> von $\underline{\underline{S}}$.

Für festes $\underline{\underline{S}}$ bilden die Gewichtsvektoren eine konvexe und beschränkte Menge im $\mathbb{R}^{2^n - 1}$, die jedoch nicht notwendig abgeschlossen sein muß. Es sei $\mathcal{W}_{\underline{\underline{S}}}$ die Menge der Gewichtsvektoren einer vorgegebenen balancierten Menge $\underline{\underline{S}}$.

<u>Satz</u> 4.2. Ist $\underline{\underline{T}}$ minimal balanciert, so besteht $\mathcal{W}_{\underline{\underline{T}}}$ aus genau einem Punkt und umgekehrt. Ist $\underline{\underline{S}}$ balanciert, so ist $\overline{\mathcal{W}_{\underline{\underline{S}}}}$ konvex und kompakt. Die Extremalpunkte von $\overline{\mathcal{W}_{\underline{\underline{S}}}}$ sind gerade die Punkte in $\mathcal{W}_{\underline{\underline{T}}}$ mit $\underline{\underline{T}} \subseteq \underline{\underline{S}}$, $\underline{\underline{T}}$ minimal balanciert.

Beweis. 1. Seien $c, d \in \mathcal{W}_{\underline{\underline{T}}}$. Für jedes reelle λ sei

$$(2) \qquad c^\lambda = \lambda d + (1-\lambda)c$$

Dann gilt stets

$$(3) \qquad \sum_{T \in \underline{\underline{T}}} c_T \, 1_T(\cdot) = \lambda \sum_{T \in \underline{\underline{T}}} d_T \, 1_T(\cdot) + (1-\lambda) \sum_{T \in \underline{\underline{T}}} c_T \, 1_T(\cdot)$$

$$= \lambda + (1-\lambda) = 1$$

Die reelle Zahl

$$\lambda_0 = \inf \, \{\lambda \mid c^\lambda \in \mathcal{W}_{\underline{\underline{T}}}\}$$

ist endlich und leistet

$$c^{\lambda_0} \notin \mathcal{W}_{\underline{\underline{T}}}$$

Nicht für alle $T \in \underline{\underline{T}}$ kann $c_T^{\lambda_0} > 0$ gelten, sonst wäre für passendes $\varepsilon > 0$

auch $c^{\lambda_0 - \varepsilon} \in \mathcal{W}_{\underline{\underline{T}}}$.

Andererseits verhindert (3), daß sämtliche $c_T^{\lambda_0}$ verschwinden.

Das System

$$\underline{\underline{T}}' = \{T \in \underline{\underline{T}} \mid c_T^{\lambda_0} > 0 \}$$

ist daher eine echte balancierte Untermenge von $\underline{\underline{T}}$ mit Gewichtsvektor c^{λ_0}. Danach war $\underline{\underline{T}}$ nicht minimal balanciert.

2. Sei andererseits S balanciert, aber nicht minimal, $\underline{\underline{T}} \subsetneqq \underline{\underline{S}}$ ebenfalls balanciert. Wir nehmen $c \in \mathcal{W}_{\underline{\underline{S}}}$, $d \in \mathcal{W}_{\underline{\underline{T}}}$ vor und bilden

$$c^\lambda = \lambda d + (1-\lambda)c.$$

Man überzeugt sich leicht, daß für $0 \le \lambda < 1$ $c^\lambda \in \mathcal{W}_{\underline{\underline{S}}}$ gilt, und alle so erhaltenen c verschieden sind. Damit ist der erste Teil des Satzes bewiesen.

3. Sei $\underline{\underline{T}} \subsetneqq \underline{\underline{S}}$, $\underline{\underline{T}}$ minimal balanciert und d der Gewichtsvektor von $\underline{\underline{T}}$. Wir fixieren irgendein $c \in \mathcal{W}_{\underline{\underline{S}}}$. Für jedes $0 < \lambda \le 1$ ist

$$d^\lambda = \lambda c + (1-\lambda) \, d \in \mathcal{W}_{\underline{\underline{S}}}$$

also $\qquad d \in \overline{\mathcal{W}}_{\underline{\underline{S}}}$.

Angenommen d sei nicht extremal in $\overline{\mathcal{W}}_{\underline{\underline{S}}}$. O.B.d.A. ist dann

$$(4) \qquad d = \frac{d^1 + d^2}{2}, \quad d^i \in \overline{\mathcal{W}}_{\underline{\underline{S}}}$$

Als Häufungspunkte von $\mathcal{W}_{\underline{\underline{S}}}$ erfüllen die d^i

$$(5) \qquad d_S^i \ge 0 \qquad S \in \underline{\underline{S}} \qquad \sum_{S \in \underline{\underline{S}}} d_S^i \, 1_S = 1_\Omega$$

Andererseits impliziert (4) auch

$$d^i_S = 0 \qquad S \in \underline{\underline{S}} - \underline{\underline{T}}$$

Daraus folgt für $0 < \lambda \leqslant 1$

$$\lambda d + (1-\lambda)\, d^i \in \mathfrak{W}_{\underline{\underline{T}}}$$

und mithin $d^1 = d^2$. Also ist d Extremalpunkt von $\bar{\mathfrak{W}}_{\underline{\underline{S}}}$.

4. Sei schließlich $c \in \bar{\mathfrak{W}}_{\underline{\underline{S}}}$ extremal. Man sieht, wie in 1., daß

$$\underline{\underline{T}} = \{ T \in \underline{\underline{S}} \mid c_T > 0 \}$$

ein nicht leeres Untersystem von $\underline{\underline{S}}$ ist. Ist $\underline{\underline{T}}$ nicht minimal, so nimmt man sich ein minimales $\underline{\underline{U}} \subsetneq \underline{\underline{T}}$ und zeigt leicht, daß mit $d \in \mathfrak{W}_{\underline{\underline{U}}}$, stets

$$\lambda c + (1-\lambda)\, d \in \mathfrak{W}_{\underline{\underline{T}}} \subseteq \bar{\mathfrak{W}}_{\underline{\underline{S}}}$$

für $0 < \lambda < 1 + \varepsilon$, $\varepsilon > 0$ hinreichend klein, richtig ist. Dies widerspricht der Extremaleigenschaft von c.

<u>Corollar</u> 4.3. Für jedes balancierte $\underline{\underline{S}} \subseteq \underline{\underline{P}}$ gilt $\qquad \underline{\underline{S}} = \bigcup_{\substack{\underline{\underline{T}} \subseteq \underline{\underline{S}} \\ \underline{\underline{T}} \text{ minimal balanciert.}}} \underline{\underline{T}} \qquad$ (6)

Der Beweis ist einfach.

<u>Satz</u> 4.4. $(\,[S]_2\,)$ Genau dann ist $v \in \mathcal{B}$, wenn

$$(7) \qquad \sum_{T \in \underline{\underline{T}}} c_T\, v(T) \leqslant v(\Omega)$$

für jedes minimalbalancierte $\underline{\underline{T}} \subseteq \underline{\underline{P}}$ mit Gewichtsvektor c gilt.

Beweis. Sei $\underline{\underline{S}}$ balanciert, $c \in \mathfrak{W}_{\underline{\underline{S}}}$. Dann ist

$$(8) \qquad c = \sum_{i=1}^{k} \lambda_i\, c^i$$

für gewisse $c^i \in \mathfrak{W}_{\underline{\underline{T}}^i}$, T^i minimalbalanciert, $\lambda_i \geqslant 0$, $\sum_{i=1}^{k} \lambda_i = 1$.

Aus (7) folgt daher

$$\sum_{S \in \underline{\underline{S}}} c_S\, v(S) = \sum_{S \in \underline{\underline{S}}} \sum_{i=1}^{k} \lambda_i\, c^i_S\, v(S)$$

$$= \sum_{i=1}^{k} \lambda_i \sum_{S \in \underline{\underline{S}}} c^i_S\, v(S) = \sum_{i=1}^{k} \lambda_i \sum_{S \in \underline{\underline{T}}^i} c^i_T\, v(T)$$

$$\leq \sum_{i=1}^{k} \lambda_i \, v(\Omega) = v(\Omega),$$

was zu zeigen war.

<u>Satz</u> 4.5. $\mathcal{B}$ ist ein Poyederkegel.

In der Tat ist nach Satz 4.4. $\mathcal{B}$ durch die endlich vielen Ungleichungen der Form (7) bestimmt.

5.) Um nachzuprüfen, ob eine vorgelegte Mengenfunktion nicht leeres Core hat, hat man <u>4.)</u> (7) für minimal balancierte $\underline{\underline{T}}$ nachzuprüfen. Dazu ist die Kenntnis der minimal balancierten Mengen notwendig.

<u>Bemerkung.</u> Ist $\underline{\underline{T}}$ minimal balanciert, so auch
$$\underline{\underline{T}}^* = \{ T \mid T^c \in \underline{\underline{T}} \}$$

Denn falls
$$\sum_{T \in \underline{\underline{T}}} c_T \, 1_T(\cdot) = 1_\Omega$$

richtig ist, so folgt

(1)
$$1_\Omega = \sum_{T \in \underline{\underline{T}}} c_T \, 1_T(\cdot) = \sum_{T \in \underline{\underline{T}}} c_T \, 1_{\Omega - T^c}(\cdot)$$

$$= \sum_{T \in \underline{\underline{T}}} c_T \, (1_\Omega(\cdot) - 1_{T^c}(\cdot))$$

$$= \left(\sum_{T \in \underline{\underline{T}}} c_T \right) 1_\Omega(\cdot) - \sum_{T \in \underline{\underline{T}}} c_T \, 1_{T^c}(\cdot)$$

das heißt:

(2)
$$\sum_{T \in \underline{\underline{T}}^*} c_{T^c} \, 1_T(\cdot) = \left(\sum_{T \in \underline{\underline{T}}} c_T - 1 \right) 1_\Omega$$

Mit $d_T = \dfrac{c_{T^c}}{\sum\limits_{T' \in \underline{\underline{T}}} c_{T'} - 1}$ $\qquad (T \in \underline{\underline{T}}^*)$

geht (2) in
$$\sum_{T \in \underline{\underline{T}}^*} d_T \, 1_T(\cdot) = 1_\Omega$$

über. Man überzeugt sich leicht, daß $\sum\limits_{T \in \underline{\underline{T}}} c_T > 1$ gilt, und die Koeffizienten c_T und d_T sich jeweils eindeutig bestimmen; daraus folgt, daß T minimal balanciert ist.

Für n = 4 folgt eine Tafel der balancierten Mengen. Aufgeführt ist nur ein System von **Mengen** $\underline{\underline{T}}$, aus denen man alle weiteren durch Permutation und $*$ - Bildung im obigen Sinne erhalten kann (vgl. $[\,S\,]_2$).

$\underline{\underline{T}}$	$c_T \ (T \in \underline{\underline{T}})$
1. $\{12\}, \{34\}$	$1, 1$
2. $\{123\}, \{4\}$	$1, 1$
3. $\{12\}, \{3\}, \{4\}$	$1, 1, 1$
4. $\{1\}, \{2\}, \{3\}, \{4\}$	$1, 1, 1, 1$
5. $\{12\}, \{13\}, \{23\}, \{4\}$	$\frac{1}{2}, \frac{1}{2}, \frac{1}{2}, 1$
6. $\{123\}, \{14\}, \{24\}, \{3\}$	$\frac{1}{2}, \frac{1}{2}, \frac{1}{2}, \frac{1}{2}$

§ 4   Der Shapley-Wert

1.) Die Elemente des Cores sind ihrer Natur nach "wahrscheinliche" Ergebnisse der Verhandlungen, die durch die Gewinnzuschreibung der Spielfunktion v ausgelöst werden. Der Verhandlungsmechanismus selbst, psychologische Faktoren und dgl. sind durch die Angabe einer Mengenfunktion v keineswegs bestimmt oder auch nur angedeutet; darin liegt eine Schwäche , soweit konkrete Anwendungen in Betracht kommen- aber eine Stärke, soweit man sich mit klar formulierten mathematischen Modellen auseinandersetzt. Soweit man die Konzeption eines kooperativen Spieles als Mengenfunktion akzeptiert, ist es daher auch sinnvoll, nach einem a priori definierten Erwartungswert für den Gewinn aus einem solchen Spiel zu fragen.

Ein solcher Erwartungswert kann in einer konkreten Situation sehr wohl von einer Reihe von Faktoren abhängen, die durch vorgegebenes v gar nicht charakterisiert werden - und daher auch nicht im Sinne eines "Gesetzes der großen Zahlen" angenommen werden. Es mag dennoch sinnvoll sein, wenn man Interpretationen auf die aus v ablesbaren Charakteristika eines Spieles einschränkt. Überraschenderweise kann man viele solche Einschränkungen im Nachherein wieder fallen lassen: der „Shapley Wert" zeigt sich recht freizügigen Interpretationen des Begriffes "Spiel" gewachsen.

Eine " a priori- Erwartung" läßt sich etwa, wie folgt, charakterisieren:
Nehmen wir an, die Spieler $i \in \Omega$ bilden Koalitionen, indem sie in zufälliger Weise einen Verhandlungssaal betreten. Dabei heißt "zufällig",

daß man den Spielern vermöge einer Permutation

$$\pi : \Omega \to \Omega$$

eine Rangordnung zuordnet, wobei jedes π gleichwahrscheinlich ($\frac{1}{n!}$) ist. Wenn der Spieler i den Raum als Nummer $\pi(i)$ betritt, befinden sich die Spieler

$$(1) \qquad S^{\pi}_{\pi(i)} - \{i\} = \{k \mid \pi(k) < \pi(i)\}$$

bereits drinnen.(vgl. § 2, 3.) (5).)
In diesem Moment hat der Spieler i sozusagen die "Verhandlungsstärke"

$$(2) \qquad v(S^{\pi}_{\pi(i)}) - v(S^{\pi}_{\pi(i)} - \{i\})$$

Die "mittlere Verhandlungsstärke" oder "a priori- Erwartung" dieses Spielers ist daher der Ausdruck

$$(3) \qquad \Phi_i = \Phi^v_i = \frac{1}{n!} \sum_{\pi} (v(S^{\pi}_{\pi(i)}) - v(S^{\pi}_{\pi(i)} - \{i\}))$$

<u>Definition</u> 1.1. Die vermöge (3) durch

$$\Phi(S) = \sum_{i \in S} \Phi_i$$

gegebene additive Mengenfunktion $\Phi = \Phi^v$ heißt der <u>Shapley-Wert</u> von v.

<u>Satz</u> 1.2. ($[S]_1$) Sei $v \in \emptyset$ von der Art, daß für $S, T \in \underline{\underline{P}}$, $S - T \neq \emptyset$, $T - S \neq \emptyset$ stets

$$v(S) + v(T) < v(S \cup T) + v(S \cap T)$$

gilt. Dann ist Φ^v das Zentrum des Cores $C(v)$.

Beweis. Nach § 2, Satz 4.2. sind sämtliche in §2, 3.)definierten Core-Elemente x^{π} verschieden. Nach § 2, Satz 4.1. sind die x^{π} gerade die Extremalpunkte von $C(v)$. (3) und §2, 3.) (6) lehren, daß man Φ erhält, indem man genau die Masse $\frac{1}{n!}$ auf jeden Extremalpunkt x^{π} legt und den Schwerpunkt bildet. (Man beachte, daß

$$(4) \qquad S^{\pi}_{\pi(i)} - \{i\} = S^{\pi}_{\pi(i) - 1}$$

gilt). q.e.d.
Satz 1.2. bedeutet, daß Φ mitunter als außerordentlich faire Verteilung betrachtet werden kann.

2.) <u>Satz</u> 2.1.   Es gilt mit $s = |S|$ $(S \in \underline{\underline{P}})$

(1) $\qquad \Phi_i^v = \sum_{S \in \underline{\underline{P}}} \dfrac{(n-s)!(s-1)!}{(n)!} \quad v(S) - v(S - \{i\})$

Beweis. Man fixiert ein $S \in \underline{\underline{P}}$ und greift sich diejenigen π heraus, für die $S^\pi_{\pi(i)} = S$ gilt; in (3) hat man für alle diese π den Summanden gleich $v(S) - v(S - \{i\})$ zu setzen.

In Zeichen:

(2) $\qquad \Phi_i^v = \dfrac{1}{n!} \sum_\pi v(S^\pi_{\pi(i)}) - v(S^\pi_{\pi(i)} - \{i\})$

$\qquad\qquad\quad = \sum_{S \in \underline{\underline{P}}} \dfrac{1}{n!} \, |\{\pi \mid S^\pi_{\pi(i)} = S\}| \, \cdot \, (v(S) - v(S - \{i\}))$

Nun hängt

$$|\{\pi \mid S^\pi_{\pi(i)} = S\}|$$

nur von der Anzahl der Elemente in S ab, wir setzen gleich $S = \{1,\dots,s\}$ und haben

$$\{\pi \mid S^\pi_{\pi(i)} = \{1,\dots,s\}\}|$$
$$= |\{\pi \mid \{k \mid \pi(k) \leq \pi(i)\} = \{1\dots s\}\}|$$
$$= |\{\pi \mid \pi(k) \leq \pi(i) \curvearrowright k \leq s\}|$$
$$= |\{\pi \mid \pi(i) = s, \pi\{1,\dots,s\} = \{1,\dots,s\} \, ,$$
$$\pi\{s + 1,\dots,n\} = \{s + 1, \dots, n\}|$$
$$= (s - 1)! \, (n - s)! \qquad \text{q.e.d.}$$

<u>Bemerkung</u>. Wir hatten <u>2.)</u>(3) als mittlere Verhandlungsstärke über Permutationen (oder Anordnungen) der Spieler interpretiert. Schreibt man (1) als

$$\Phi_i^v = \frac{1}{n} \sum_{s=1}^{n} \; \sum_{\substack{S \in \underline{\underline{P}} \\ |S| = s}} \frac{1}{\binom{n-1}{s-1}} \left[v(S) - v(S - \{i\}) \right]$$

so läßt sich Φ auch als Mittelwert über Koalitionen verstehen. Dabei ist jede Koalitionsgröße s gleichwahrscheinlich ($\frac{1}{n}$), bei vorgegebenem s hat S mit $|S| = s$ die Wahrscheinlichkeit

$$\frac{1}{\binom{n-1}{s-1}} = \frac{1}{\text{Anzahl der } S \text{ mit } |S| = s-1 \text{ in } \Omega - \{i\}}$$

3.) Es zeigt sich nun, daß <u>1.)</u> (3) und <u>2.)</u> (1) nicht die einzigen Möglich keiten sind, den Shapley-Wert zu definieren. Die folgende Idee ist die, daß ein Wert gewisse Eigenschaften haben sollte, die man durch ein Axiomensystem postulieren kann.

Für jedes $\pi: \Omega \to \Omega$ sei eine Abbildung

$$\pi: \mathcal{G} \to \mathcal{G} \quad \text{durch}$$

(1) $\qquad \pi v(S) = v(\pi^{-1}(S))$

definiert. πv entsteht durch Umnumerierung der Spieler in Ω.

Das Axiomensystem lautet nun:

Ein Wert ist eine Abbildung $\Phi: \mathcal{G} \to \mathcal{K}$ mit folgenden Eigenschaften:

$\qquad A_1$: (Aggregation)

(2) $\qquad\qquad \Phi^{v_1} + \Phi^{v_2} = \Phi^{v_1 + v_2} \qquad (v_1, v_2 \in \mathcal{G})$

$\qquad A_2$: (Pareto Optimalität)

$$\Phi^v(\Omega) = v(\Omega) \qquad (v \in \mathcal{G})$$

$\qquad A_3$: (Invarianz)

$$\pi \Phi^v = \Phi^{\pi v} \qquad (v \in \mathcal{G}, \pi \text{ Permutation})$$

$\qquad A_4$: $v(S \cup i) = v(S) \ (S \in \underline{\underline{P}})$ impliziert $\Phi_i^v = 0$.

In dieser Formulierung hat Φ mehr den Charakter einer Abbildung $\mathcal{G} \to \mathcal{K}$. Daß gerade $\mathcal{G}$ (und nicht etwa $\mathcal{B}$ oder $\mathcal{C}$) gewählt wurde, hat seinen Grund in dem

<u>Satz</u> 3.1. $[S]_3$ Es gibt genau einen Wert , der A_1, A_2, A_3 erfüllt, nämlich den in 1.)2.) definierten Shapley Wert.

Den Beweis schieben wir in den nächsten Abschnitt.(Satz 3.1. und Satz 4.2. werden gleichzeitig bewiesen.)

4.) Als weitere Möglichkeit der Definition eines fairen Wertes hat man noch die Methode der Fortsetzung. Dazu setzt man einen Wert fest auf einer bestimmten Untermenge von $\mathcal{G}$ und sucht ihn dann auf ganz $\mathcal{G}$ zu erweitern.

<u>Satz</u> 4.1. Sei $v \in \mathcal{G}$. Dann gibt es eindeutig bestimmte Koeffizienten $c_S (S \in \underline{\underline{P}} - \{\emptyset\})$ derart, daß

(1) $\qquad v(\cdot) = \sum_{S \in \underline{\underline{P}}} c_S \, e_S \, (\cdot) \qquad$ gilt, nämlich

$$c_S = \sum_{T \subseteq S} (-1)^{s-t} v(T) \, , \; c_\emptyset = 0 \qquad (s = |S|, t = |T|)$$

Beweis. Die $e_S(\cdot)$, als Vektoren in $\mathbb{R}^{2^n - 1}$ betrachtet, sind linear unabhängig. Gilt nämlich

$$(3) \qquad \sum \alpha_S \, e_S \, (\cdot) = 0$$

mit irgendwelchen Koeffizienten α_S ($S \in \underline{\underline{P}}$, $S \neq \emptyset$), so kann man aus

$$\sum \alpha_S \, e_S \, (T) = 0$$

für $T = \{i\}$ sofort $\alpha_{\{i\}} = 0$ schließen ($i \in \Omega$), danach für $T = \{i,j\}$ auch $\alpha_{\{i,j\}} = 0$ und so induktiv fortfahrend,

$$\alpha_S = 0 \qquad (S \in \underline{\underline{P}}) \, .$$

Daher ist die Darstellung (1) eindeutig, wenn es eine gibt.
Andererseits erhält man durch Einsetzen der Koeffizienten (2):

$$\sum_{S \in \underline{\underline{P}}} c_S \, e_S \, (R) = \sum_{S \in \underline{\underline{P}}} \sum_{T \subseteq S} (-1)^{s-t} \, v(T) \, e_S \, (R)$$

$$= \sum_{S \subseteq R} \sum_{T \subseteq S} (-1)^{s-t} \, v(T)$$

$$(4) \qquad = \sum_{T \subseteq R} v(T) \sum_{T \subseteq S \subseteq R} (-1)^{s-t}$$

$$= \sum_{T \subseteq R} v(T) \sum_{s=t}^{r} (-1)^{s-t} \, |\{S \mid T \subseteq S \subseteq R, |S| = s\}|$$

$$= \sum_{T \subseteq R} v(T) \sum_{s=t}^{r} (-1)^{s-t} \binom{r-t}{s-t}$$

$$= \sum_{T \subseteq R} v(T) \sum_{s=0}^{r-t} (-1)^{s} \binom{r-t}{s}$$

$$= \sum_{T \subseteq R} v(T) \, (1-1)^{r-t} = v(R)$$

q.e.d.

Für das Einstimmigkeitsspiel e_S ist es nun naheliegend, wie eine "faire Verteilung", "Wert" oder "a-priori-Erwartung" aussehen sollte: man nimmt die Gleichverteilung auf S, d.h.,

$$(5) \qquad \Phi^{e_S} = \frac{1}{|S|} \sum_{i \in S} \delta_i$$

Wegen der eindeutigen Darstellung (1) wird eine Fortsetzung von Φ auf $\mathcal{G}$ dann durch

$$
(6) \qquad \Phi^v = \sum_{S \in \underline{\underline{P}}} c_S \, \Phi^{e_S}
$$

$$
c_S = \sum_{T \subseteq S} (-1)^t v(T)
$$

erreicht.

<u>Satz</u> 4.2. Die durch (5) und (6) definierte additive Mengenfunktion Φ^v
    ist der Shapley Wert.

Beweis von Satz 3.1. und Satz 4.2.
Wir haben zu zeigen: 1. Der durch (5) und (6) definierte "Fortsetzungswert" erfüllt die Axiome <u>3.)</u> (2)
2. Durch die Axiome <u>3.)</u> (2) ist ein Wert eindeutig festgelegt.
3. Der durch (5) und (6) gegebene Fortsetzungswert ist äquivalent
mit <u>2.)</u> (1).

1. Die Koeffizienten (2) hängen offenbar linear von v ab. Daher ist
Φ^v in (6) linear in v und erfüllt A_1.
Man sieht sofort, daß

$$
\Phi^{e_S} (\Omega) = 1
$$

richtig ist. Daher gilt mit Satz 4.1.:

$$
\Phi^v(\Omega) = \sum_{S \in \underline{\underline{P}}} c_S \, \Phi^{e_S} (\Omega) \;\; = \sum_{S \in \underline{\underline{P}}} c_S
$$

$$
= \sum_{S \in \underline{\underline{P}}} c_S \, e_S (\Omega) \;\;\; = v(\Omega)
$$

Also ist A_2 erfüllt.
Die durch <u>3.)</u> (1) erklärte Operation $\pi : \not{S} \to \not{S}$ ist offenbar linear.
Sie leistet auch

$$
(8) \qquad \pi e_S = e_{\pi(S)}
$$

und daher

$$
\Phi^{\pi e_S} = \Phi^{e_{\pi(S)}} = \frac{1}{|S|} \sum_{i \in \pi(S)} \delta_i
$$

$$
(9) \qquad = \frac{1}{|S|} \sum_{i \in S} \delta_{\pi(i)} = \frac{1}{|S|} \sum_{i \in S} \pi \delta_i
$$

$$
= \pi \frac{1}{|S|} \sum_{i \in S} \delta_i = \pi \Phi^{e_S}
$$

Folglich gilt:

$$\pi\Phi^v = \pi\sum_{S\in\underline{\underline{P}}} c_S \Phi^{e_S} = \sum_{S\in\underline{\underline{P}}} c_S \pi\Phi^{e_S} = \sum_{S\in\underline{\underline{P}}} c_S \Phi^{\pi e_S}$$

(10)
$$= \sum_{S\in\underline{\underline{P}}} c_S \Phi^{e_{\pi(S)}} = \sum_{S\in\underline{\underline{P}}} c_{\pi^{-1}(S)} e_S$$

Wegen

$$c_{\pi^{-1}(S)} = \sum_{T\supseteq S} (-1)^{s-t} v(\pi^{-1}(T))$$

gilt nun auch Axiom A_3.

Um A_4 nachzuweisen, sei v eine Funktion mit

$$v(S\cup\{i\}) = v(S) \qquad S\in\underline{\underline{P}}, \text{ i fest.}$$

und v^o eine Funktion auf der Potenzmenge von $\Omega^o = \Omega\text{-}\{i\}$, definiert durch

$$v^o(S) = v(S + \{i\}) \qquad S\subseteq\Omega^o.$$

Dann ist

$$v^o = \sum_{S\subseteq\Omega^o} c_S\, e_S$$

Wegen der Eindeutigkeit dieser Darstellung erhält man aus

$$v(\cdot) = v^o(\cdot\cap\Omega^o)$$

$$= \sum_{S\subseteq\Omega^o} c_S\, e_S\,(\cdot)$$

schon

$$\Phi^v = \sum_{S\subseteq\Omega^o} c_S\, \Phi^{e_S}$$

d.h., Φ^v hat offenbar keine Masse auf i.

2. Sei nun Φ irgendein Wert, der dem Axiomensystem $\underline{3.)}$ (2) genügt.
Aus A_4 folgt

$$\Phi_i^{e_S} = 0 \qquad i\notin S,$$

Φ^{e_S} ist also auf S konzentriert.
Jede Permutation π, die S invariant läßt, leistet $\pi e_S = e_S$, also
nach A_3

(11) $\qquad \pi\Phi^{e_S} = \Phi^{e_S}$

Die einzige additive Funktion, die (11) erfüllt für alle solchen π ist,
bis auf eine Konstante, die Gleichverteilung; A_2 zeigt, daß diese
Konstante 1 sein muß. Also erfüllt das vorgelegte Φ die Beziehung (5).
Man sieht ganz genau so, daß für jedes $\lambda\ge 0$

$$\Phi^{\lambda e_S} = \lambda\Phi^{e_S} \qquad \text{gelten muß.}$$

Daher folgt unter Zuhilfenahme von A_1

$$\sum_{S \in \underline{\underline{P}}} c_S \Phi^{e_S} = \sum_{S \in \underline{\underline{P}}} \Phi^{c_S \, e_S}$$

$$= \Phi^{\sum\limits_{S \in \underline{\underline{P}}} c_S \, e_S} = \Phi^v$$

3. Es bleibt also nachzuprüfen, daß (6) und $\underline{\underline{2.)}}$ (1) übereinstimmen. In der Tat, wir haben

$$\Phi_i^v = \sum_{S \in \underline{\underline{P}}} c_S \Phi_i^{e_S} = \sum_{\substack{S \in \underline{\underline{P}} \\ S \ni i}} \frac{1}{s} \, c_S$$

(12)

$$= \sum_{\substack{S \in \underline{\underline{P}} \\ S \ni i}} \sum_{T \subseteq S} \frac{(-1)^{s-t}}{s} \, v \, (T)$$

$$= \sum_{T \in \underline{\underline{P}}} v(T) \sum_{\substack{S \supseteq T \\ S \ni i}} \frac{(-1)^{s-t}}{s}$$

$$= \sum_{\substack{T \in \underline{\underline{P}} \\ T \ni i}} v(T) \sum_{S \supseteq T} \frac{(-1)^{s-t}}{s} \; + \; \sum_{\substack{T \in \underline{\underline{P}} \\ T \not\ni i}} v(T) \sum_{S \supseteq T + \{i\}} \frac{(-1)^{s-t}}{s}$$

Nun ist zum Beispiel

$$\sum_{S \supseteq T} \frac{(-1)^{s-t}}{s} = \sum_{s=t}^{n} \sum_{\substack{|S| = s \\ S \supseteq T}} \frac{(-1)^{s-t}}{s}$$

$$= \sum_{s=t}^{n} \binom{n - t}{s - t} \frac{(-1)^{s-t}}{s}$$

$$= \frac{(t - 1)! \, (n - t)!}{n!}$$

und daher wird (12)

$$= \sum_{\substack{T \in \underline{\underline{P}} \\ T \ni i}} \frac{(t - 1)! \, (n - t)!}{n!} \, v(T) \; - \; \sum_{\substack{T \in \underline{\underline{P}} \\ T \not\ni i}} \frac{t! \, (n - t - 1)!}{n!} \, v(T)$$

$$= \sum_{T \underset{=}{P}} \frac{(t-1)!\,(n-t)!}{n!} \left[v(T) - v(T - \{i\}) \right] \qquad \text{q.e.d.}$$

5.) Es sei m bis auf eine positive Konstante die Gleichverteilung auf
Ω und v durch

$$v(S) = (m(S))^k$$

mit natürlichem $k \geq 1$ bestimmt. Da alle $i \in \Omega$ völlig gleichberechtigt
sind, muß Φ ebenfalls ein Vielfaches der Gleichverteilung sein, etwa
$\Phi = \alpha\, m$. Die Normierungsbedingung

$$(\alpha m)\,(\Omega) = m^k\,(\Omega) \qquad \text{liefert}$$

$$\alpha = (m(\Omega))^{k-1}\,, \qquad \text{das heißt}$$

$$\Phi(\cdot) = m^{k-1}\,(\Omega)\, m(\cdot)$$

Ein häufig diskutiertes "Abstimmungsspiel" für 5 Spieler ist gegeben
durch gewisse "Gewichte"

$$w_1 = 3,\ w_2 = \ldots = w_5 = 1$$

sowie die Festsetzung

$$\Omega = \{1,\ldots,5\}$$

$$v(S) = \begin{cases} 1 & \text{falls} \\ 0 & \text{sonst} \end{cases} \quad \sum_{i\ S} w_i \geq 4$$

Das heißt, sobald eine Koalition mindestens vier Stimmen in sich ver-
einigt, entscheidet sie die Abstimmung zu ihren Gunsten, dabei hat
der "Vorsitzende" (Spieler 1) drei Stimmen und die anderen Spieler
nur je eine. Die "Macht" des Vorsitzenden ist größer, als es zunächst
scheinen mag, man rechnet für den Shapley Wert aus

$$\Phi_1 = \frac{6}{10}\,,\ \Phi_2 = \ldots = \Phi_5 = \frac{1}{10}\,.$$

Ein weiteres Beispiel: ("Großgrundbesitzer und Landarbeiter", $[S]_4\ [S]_5$)

Spieler 1 besitzt ein Getreidefeld, arbeitet aber nicht. Werden l Spieler ($o \leq l \leq n - 1$) zur Arbeit auf dem Feld angestellt, so ist der
zu erwartende Erlös aus dem Verkauf
der Ernte durch eine Funktion $f(l)$
angegeben, die etwa die in (14) an-
gegebene Farm haben mag. Ein koope-
ratives Spiel ist dann definiert

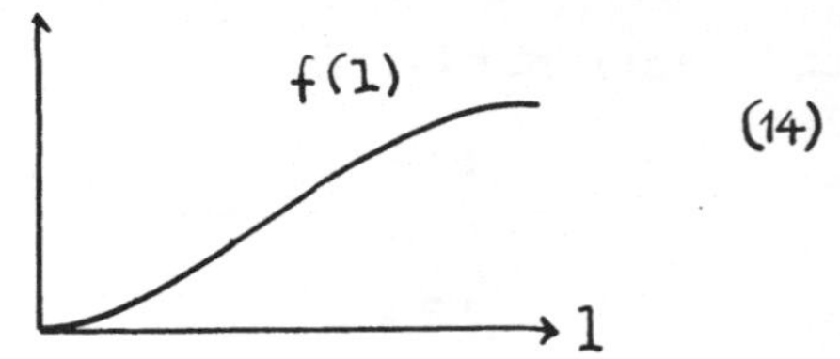

(14)

durch

$$v(S) = \begin{cases} f(|S| - 1) & \text{falls } 1 \in S \\ 0 & \text{sonst.} \end{cases}$$

Der Shapley Wert dieses Spieles läßt sich so berechnen: zunächst ist

$$\Phi_1 = \frac{1}{n!} \sum_{\pi} (v(S^\pi_{\pi(1)}) - v(S^\pi_{\pi(1)} - \{1\}))$$

$$= \frac{1}{n} \sum_{k=1}^{n} \frac{1}{(n-1)!} \sum_{\pi(1)=k} (v(S^\pi_k) - v(S^\pi_k - \{1\}))$$

$$= \frac{1}{n} \sum_{k=1}^{n} f(k-1)$$

Wir hoffen, keinen allzu großen Fehler zu machen, wenn wir dies durch

$$(15) \qquad \Phi_1 \sim \frac{1}{n} \int_0^n f(t)\, dt$$

ersetzen. Da die Spieler 2,...,n alle gleichberechtigt sind, ist

$$\Phi_2 = \cdots = \Phi_n, \quad \text{mithin}$$

mithin

$$\Phi_1 + (n-1)\Phi_2 = \Phi(\Omega) = v(\Omega) = f(n-1).$$

Also hat man

$$(16) \qquad \Phi_i = \frac{f(n-1) - \Phi_1}{n-1}$$

Grob gesprochen erhält also der Großgrundbesitzer eine Auszahlung, die proportional zur Fläche unter der Kurve f(l) ist; entsprechend teilen sich die Landarbeiter eine Auszahlung, die proportional zur Fläche über der Kurve f(l) ist. Steigt die Kurve frühzeitig an (frühe Sättigung des Arbeitsmarktes) , so wird die Position des Großgrundbesitzers stärker.

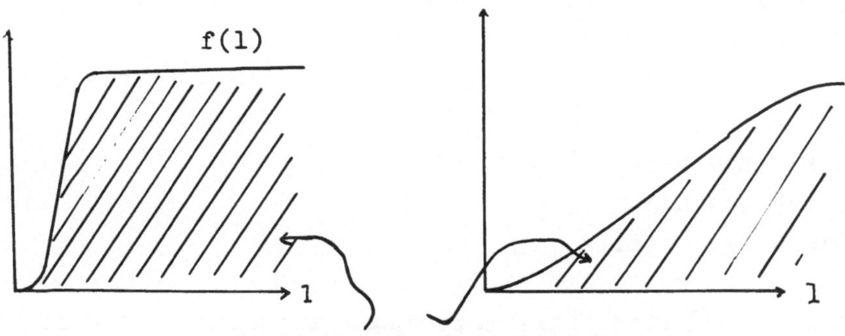

Anteil des Großgrundbesitzes

§ 5 Markt und Gleichgewicht

1.) Wir haben bisher, abgesehen von einer Bemerkung im Vorwort, stets
=== angenommen, daß es möglich ist, Gewinne durch reelle Zahlen zu
repräsentieren. Es wird nun eines unserer Themen sein, Spiele zu stu-
dieren, deren Hintergrund durch einen gewissen Markt gegeben ist. Die
auf diesem Markt gegebenen Güter können die beteiligten Spieler nach
gewissen Regeln tauschen. Es ist möglich, daß eines der beteiligten
Güter "Geld" heißt, dennoch werden die Ergebnisse der Tauschaktion
zunächst dadurch charakterisiert werden, daß jeder Spieler gewisse
Mengen von jedem verfügbaren Gut angeschafft hat,- und sein Gewinn ist
dann nicht nur durch seinen Geldbesitz allein beschrieben.

Wenn m Güter in dem fraglichen Markt vorhanden sind, ist es keine Ein-
schränkung, den Besitzstand eines Spielers durch Vektoren $x \in \mathbb{R}^{m+}$ zu
repräsentieren. x_i ist dann die Menge des Gutes i im Vorrat des betreffenden Spielers.   x wird "Warenbündel" heißen.

Damit ein Spieler seinen Besitzstand bewerten kann, muß er zunächst in
der Lage sein, Präferenzen auszudrücken, d.h., anzugeben, ob von zwei
vorgelegten Warenbündeln er eines vorzieht oder nicht. Die folgende
Definition stellt vernünftige Forderungen auf, die eine Präferenzordnung erfüllen sollte.

Definition 1.1.   Eine Präferenzordnung $\succsim$ ist eine (binäre) Relation
    zwischen Elementen $x,y \in \mathbb{R}^{m+}$ mit folgenden Eigenschaften:
    1. Reflexivität:
(1) $x \succsim x$ $(x \in \mathbb{R}^{m+})$
    2. Transitivität:
        $x \succsim y$, $y \succsim z$ impliziert
        $x \succsim z$
    3. Vollständigkeit:
        Falls $x,y \in \mathbb{R}^{m+}$, so gilt entweder
        $x \succsim y$ oder $y \succsim x$

Wir schreiben:

    $x \sim y$ falls $x \succsim y$ und $y \succsim x$.
(2) $x \succ y$ falls $x \succsim y$ und nicht $y \succsim x$.
    (manchmal auch $x \precsim y$ falls $y \succsim x$ usw.)

Wenn einem Spieler $i \in \Omega$ eine Präferenzordnung zugeschrieben wird, so sagt man auch häufig zu

$x \gtrsim y$ "i zieht x dem y vor".

$x \underset{\sim}{>} y$ "i zieht x dem y strikt vor."

$x \sim y$ "i ist indifferent bezüglich x und y."

Es ist klarm daß aus $x \sim y$ nicht $x = y$ folgen muß. Vielmehr definiert
jedes $\bar{x} \in R^{m+}$ eine Äquivalenzklasse

$$(3) \; E_{\bar{x}}(\gtrsim) = \{x \in R^{m+} | \; x \sim \bar{x}\}$$

Die Äquivalenzklassen dienen häufig zur graphischen Repräsentation
von $\gtrsim$.

Beispiel $([S]_6)$:"Gin und Tonic".

Die Güter Gin (x_1) und Tonic (x_2) stehen auf einem Markt (Party) zur
Verfügung. Ein Teilnehmer hat eine Präferenzordnung, die durch die
Äquivalenzklassen $E_{\bar{x}}(\gtrsim)$, wie folgt, repräsentiert ist:

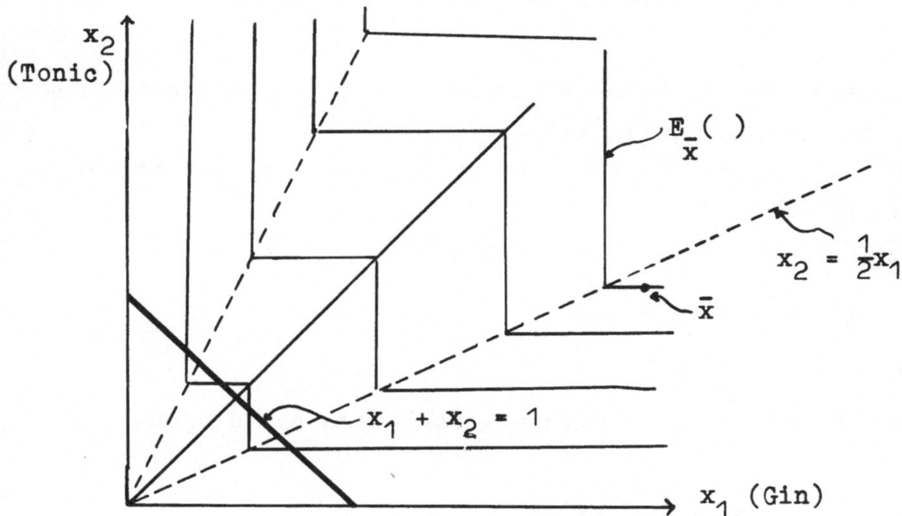

Weiter außen liegende Äquivalenzklassen sollen höhere Präferenzen
ausdrücken. Um sich die Bedeutung der graphischen Repräsentation klar-
zumachen, kann man sich vorstellen, daß der Spieler genau ein Glas
Flüssigkeit erhält, das Verhältnis von Gin und Tonic bleibt ihm über-
lassen. D.h. man betrachtet die Menge $\{x \in R^{2+}, x_1 + x_2 = 1\}$

Diese Menge wird von höheren Äquivalenzklassen geschnitten, wenn das
V erhältnis x_1/x_2 jeweils nahe $\frac{1}{2}$ oder 2 liegt. D.h., der Spieler
zieht Mischungen in bestimmten Verhältnissen vor (1:2 oder 2:1), gleiche Anteile weist er zurück, und ehe er "pur" trinkt, würde er lieber
gar nichts nehmen.

2.) Kehren wir zurück zu unserer Frage nach der Bewertung durch
=== reelle Zahlen.

<u>Definition</u> 2.1. Es sei $\succsim$ eine Präferenzordnung. Eine Funktion

$$u : \mathbb{R}^{m+} \to \mathbb{R}$$

heißt eine $\succsim$ repräsentierende Nutzenfunktion (utility), falls $x \succsim y$ genau dann gilt, wenn $u(x) \geq u(y)$ ist.

Falls eine Nutzenfunktion für $\succsim$ existiert, ist leicht zu sehen, daß $x \sim y$ äquivalent mit $u(x) = u(y)$ und $x \succ y$ äquivalent mit $u(x) > u(y)$ gilt.

<u>Definition</u> 2.2. Es sei für $\bar{x} \in \mathbb{R}^{m+}$
(1) $$G_{\bar{x}} (\succsim) = \{x \in \mathbb{R}^{m+} \mid \bar{x} \succsim x\}$$

$$F_{\bar{x}} (\succsim) = \{x \in \mathbb{R}^{m+} \mid x \succsim \bar{x}\}.$$

$\succsim$ heißt <u>stetig</u>, falls für jedes $\bar{x} \in \mathbb{R}^{m+}$ $G_{\bar{x}} (\succsim)$ und $F_{\bar{x}} (\succsim)$ abgeschlossen sind.

<u>Satz</u> 2.1.$[D]_1$ Genau dann gibt es eine $\succsim$ repräsentierende stetige Nutzenfunktion u, wenn $\succsim$ stetig ist.

Beweis. Sei $\mathbb{Q}^{m+}$ die Menge der Vektoren mit rationalen Komponenten in $\mathbb{R}^{m+}$. Für $\bar{x}, \hat{x} \in \mathbb{Q}^{m+}$ mit

$$\bar{x} \succ \hat{x}$$

läßt sich $\overset{o}{x} \in \mathbb{Q}^{m+}$ finden mit

$$\bar{x} \succ \overset{o}{x} \succ \hat{x} \ .$$

In der Tat: $G_{\hat{x}} (\succsim)$ und $F_{\bar{x}} (\succsim)$ sind abgeschlossen und disjunkt, also ist

(2) $$G_{\hat{x}}(\succsim) + F_{\bar{x}} (\succsim) \subsetneq \mathbb{R}^{m+}$$

Falls kein $\overset{o}{x}$ mit der erwünschten Eigenschaft existiert, ist

(3) $$\mathbb{Q}^{m+} \subseteq G_{\hat{x}}(\succsim) + F_{\bar{x}} (\succsim) \subsetneq \mathbb{R}^{m+}$$

und

$$\overline{\mathbb{Q}^{m+}} \subseteq \overline{G_{\overset{o}{x}}(\succsim) + F_{\bar{x}} (\succsim)}$$

(4) $$= \overline{G_{\hat{x}} (\succsim)} + \overline{F_{\bar{x}} (\succsim)}$$

$$= G_{\hat{x}} (\succsim) + F_{\bar{x}} (\succsim) \subsetneq \mathbb{R}^{m+},$$

was nicht geht.

Wenn nun Q^{m+} im Sinne von $\gtrsim$ ein kleinstes Element x^o hat, so setzen wir

(5) $\qquad u(x^o) = 0$

Entsprechend, falls x^∞ ein größtes Element sein sollte,

(6) $\qquad u(x^\infty) = 1.$

Danach hat $P^{m+}=Q^{m+} - (E_{x^o} (\gtrsim) \cup E_{x^\infty} (\gtrsim))$ jedenfalls kein größtes oder kleinstes Element. Wir nehmen daher an, daß P^{m+} kein klein-
stes oder größtes Element hat und auch nicht nur aus einer Äquivalenzklasse besteht.

Die Vektoren $x \in P^{m+}$ bestimmen abzählbar viele Äquivalenzklassen
$E_x(\gtrsim)$; es sei

(7) $\qquad E^1, E^2, E^3, \ldots$

eine Aufzählung dieser Äquivalenzklassen. Wir schreiben

(8) $\qquad E^i > E^j$

genau dann, wenn $x \in E^i$, $y \in E^j$ $x \not\gtrsim y$ impliziert, so daß stets $E^i > E^j$
oder $E^j > E^i$ gilt. Nach dem Vorhergezeigten gibt es im Sinne von (8)
unter den E^i kein kleinstes und zwischen je zweien noch ein weiteres.

Wir definieren nun eine Folge von dyadischen Brüchen u^1, u^2, u^3, $\ldots$,
wie folgt, induktiv:

1. $\qquad u^1 = \frac{1}{2}$

2. Falls $u^1, \ldots, u^k$ definiert ist, sei u^{k+1}, wie folgt, bestimmt:
$E^1, \ldots, E^k$ sind vermöge (8) in gewisser Weise geordnet, etwa
$$E^{l_1} > \ldots > E^{l_k} ,$$
wobei $\{l_1, \ldots, l_k\} = \{1, \ldots, k\}$ ist.

Ist etwa
$$E^{l_\sigma+1} > E^{k+1} > E^{l_\sigma} ,$$
so setzen wir
$$u^{k+1} = \frac{u^{l_\sigma+1} + u^{l_\sigma}}{2} .$$

Ist $\quad E^{k+1} > E^{l_1}$, so
$$u^{k+1} = \frac{1 - u^{l_1}}{2} .$$

Ist $\quad E^{l_k} > E^{k+1}$, so $u^{k+1} = \frac{u^{l_k}}{2} .$

Man sieht nun leicht, daß die Folge u^1, u^2, ... alle dyadischen Brüche durchläuft. Wir setzen

(9) $u(x) = u^i$ falls $x \in E^i$.

Dann gilt offenbar für x, y $\mathbb{P}^{m+}$ $x \gtrsim y$ genau dann, wenn $u(x) \geq u(y)$. Vermöge (5), (6) und (9) ist daher eine Nutzenfunktion auf $\mathbb{Q}^{m+}$ festgelegt, die wir nun mit Hilfe der Stetigkeit auf $\mathbb{R}^{m+}$ fortsetzen werden.

Für $x \in \mathbb{R}^{m+}$ sei

(10) $u(x) = \sup \{u(y) \mid y \in \mathbb{Q}^{m+}, x \gtrsim y\}$
          $= \inf \{u(z) \mid z \in \mathbb{Q}^{m+}, z \gtrsim x\}$

Die zweite Gleichheit folgt aus den bisher festgestellten Tatsachen über u und $\gtrsim$. u ist auch offenbar eine $\gtrsim$ repräsentierende Nutzenfunktion. Bleibt zu zeigen, daß u stetig ist.

Dazu ist hinreichend, daß für $o \leqslant t_1 < t_2 \leqslant 1$ die Menge

(11) $\{x \mid u(x) \in [t_1, t_2]\}$

$$= \bigcap_{d_1 \leqslant t_1} \bigcap_{d_2 \geqslant t} \{x \mid u(x) \in [d_1, d_2]\}$$

d_1 dyadisch d_2 dyadisch

abgeschlossen ist. Für dyadische d_1, d_2 findet man aber $\bar{x}^1$, $\bar{x}^2$, so daß

$$u(\bar{x}^1) = d_1, \quad u(\bar{x}^2) = d_2$$

gilt, mithin folgt

$$\{x \mid u(x) \in [d_1, d_2]\}$$
$$= \{x \mid u(\bar{x}^1) \leqslant u(x) \leqslant u(\bar{x}^2)\}$$
$$= \{x \mid \bar{x}^1 \lesssim x \lesssim \bar{x}^2\},$$

und diese Menge ist nach Voraussetzung abgeschlossen.q.e.d.
Wir nehmen jetzt stets an, daß alle vorgelegten Präferenzordnungen stetig sind.

Bemerkung. Es sei
          $u: \mathbb{R}^{m+} \to \mathbb{R}$

irgendeine stetige Funktion. Dann läßt sich stets eine Präferenzordnung $\underset{(u)}{\gtrsim}$ definieren durch

          $x \underset{(u)}{\gtrsim} y$ genau dann, wenn $u(x) \geq u(y)$ $(x, y \in \mathbb{R}^{m+})$.

Man prüft leicht nach, daß $\genfrac{}{}{0pt}{}{\succsim}{(u)}$ die Axiome der Definition 1.1. erfüllt
und stetig ist. Die Zuordnung u $\rightarrow \genfrac{}{}{0pt}{}{\succsim}{(u)}$ ist eindeutig, jedoch kann eine
Präferenzordnung $\succsim$ durch mehrere Nutzenfunktionen repräsentiert wer-
den. Ist nämlich f: $\mathbb{R}^1 \rightarrow \mathbb{R}^1$ irgendeine strikt monotone, stetige Funktion , so repäsentiert mit u auch u' = fou ein vorgelegtes $\succsim$. u'
braucht nicht einmal beschränkt zu sein.

Dennoch werden wir häufig ohne Schwierigkeiten abwechselnd $\succsim$ und u
heranziehen, um Präferenzen zu handhaben.

3.) Nachdem wir nun ein Gefühl für Präferenzordnungen bekommen haben,
=== ist es leicht, den Begriff des Marktes (in der hier interessierenden einfachen Form) durch eine klare Definition zu fassen. Wir
stellen uns vor, daß die Spieler $i \in \Omega = \{1,\ldots,u\}$ jeweils gewisse
Anfangsvorräte $a^i \in \mathbb{R}^{m+}$ zur Verfügung haben und diese dann austauschen.

<u>Definition</u> 3.1.   Ein <u>Markt</u> ist ein Quadrupel

(1) $\qquad \mathcal{m} = (\Omega,\ \mathbb{R}^{m+},\ (\genfrac{}{}{0pt}{}{\succsim}{i})_{i \in \Omega},\ (a^i)_{i \in \Omega})$

$\qquad$ mit $\Omega = \{1,\ldots,n\}$, $\genfrac{}{}{0pt}{}{\succsim}{i}$ eine Präferenzordnung,

$\qquad\qquad a^i \in \mathbb{R}^{m+}$ $(i \in \Omega)$.

Mit den Abkürzungen

(2) $\qquad (\succsim) = (\genfrac{}{}{0pt}{}{\succsim}{i})_{i \in \Omega}$

$\qquad\qquad A\ = (a^i)_{i \in \Omega}$

schreiben wir auch

(3) $\qquad \mathcal{m} = (\Omega,\ \mathbb{R}^{m+},\ (\succsim),\ A)$

a^i heißt auch Anfangszuteilung (der Güter) für den Spieler i.

<u>Definition</u> 3.2.   Sei $(x^i)_{i \in \Omega}$ eine Familie von Vektoren $x^i \in \mathbb{R}^{m+}$.
(4) $\qquad$ Gilt

$$\sum_{i \in \Omega} x^i = \sum_{i \in \Omega} a^i\ ,$$

$\qquad$ so heißt $(x^i)_{i \in \Omega}$ eine (zulässige) <u>Güterverteilung</u>._

$\qquad \mathcal{O}(\mathcal{m}) = \mathcal{O}$ sei die Menge der Güterverteilungen eines Marktes .

Für $(x^i)_{i \in \Omega}$ schreiben wir mitunter auch X.

<u>Definition</u> 3.3.   Ein <u>Preisvektor</u> p ist ein Vektor des $\mathbb{R}^{m+}$ mit

$$p_j \geq 0 \ (j = 1,\ldots,m) \quad \text{und} \quad \sum_{j=1}^{m} p_j = 1.$$

P sei die Menge der Preisvektoren.

Ist p ein Preisvektor, so heißt

$$(6) \qquad B_p^i = \{x \in \mathbb{R}^{m+} \mid px \leq pa^i \}$$

die <u>Budgetmenge</u> des Spielers i bei p.

Ein Paar

$$(\bar{p}, \bar{X})$$

heißt <u>Gleichgewicht</u> des Marktes , falls $\bar{p}$ ein Preisvektor ist und $\bar{X}$ eine zulässige Verteilung, derart daß gilt:

$$(7) \qquad \bar{p}x^i \leq \bar{p}a^i \quad (i \in \Omega) \ (\text{d.h., } \bar{x}^i \in B_{\bar{p}}^i \ (i \in \Omega)),$$

$$(8) \qquad y \in B_p^i \text{ impliziert } \bar{x}^i \underset{i}{\geq} y \ (i \in \Omega) \quad (\text{d.h., } \bar{x}^i \text{ ist maximal in } B_{\bar{p}}^i$$

bezüglich $\underset{i}{\geq}$ für alle i)

Wie auch in den bisherigen Modellen interessieren wir uns nicht für den eigentlichen Verhandlungsmechanismus, wohl aber für seine Ergebnisse. Wenn keine Güter im Markt produziert werden oder den Markt verlassen, muß eine zulässige Verteilung dieses Ergebnis repräsentieren. Wenn man sich vorstellt, daß manche Güter mehr zum Tausch angeboten werden als andere, wird ein Spieler von einem Gut mit geringer Nachfrage einen großen Betrag für einen kleinen Betrag eines Gutes mit hoher Nachfrage eintauschen müssen. Das Verhältnis dieser Beträge spiegelt das Verhältnis von Angebot und Nachfrage wider. Da es sich eben nur um Verhältnisse handelt, können wir durch Aufnormieren einen Preisvektor erhalten. Ein solcher Vektor regelt nur die "Preise" der Güter relativ zueinander - der Begriff "Geld" braucht dabei gar nicht aufzutauchen, und das Wort "Preis" ist insofern etwas irreführend.

Wenn sich durch Angebot und Nachfrage ein Preis eingespielt hat, wird jeder Spieler versuchen, seinen Nutzen in dieser Situation zu maximieren, d.h. innerhalb seiner Budgetmenge ein bezüglich seiner Präferenzordnung maximales Element zu erreichen. Das hat eventuell neue Angebote und Preisbewegungen zur Folge.

Genau dann, wenn es keine neuen Preisbewegungen gibt, liegt ein Gleichgewichtspunkt vor: Jedermann hat im Rahmen seiner Budgetrestriktionen alles erreicht, was ihm öffen steht.

Eine triviale Folgerung ist der folgende

Satz 3.4. Sei $\mathcal{M} = (\Omega,\ \mathbb{R}^{m+},\ (\succsim),\ A)$ ein Markt und
$$u^i : \mathbb{R}^{m+} \to \mathbb{R}$$
eine Nutzfunktion, die $\succsim_i$ repräsentiert. $(\bar{p},\bar{X})$ ist ein Gleichgewicht genau dann, wenn

$$\bar{p}x^i \leq \bar{p}a^i$$
$$(9) \qquad u^i(\bar{x}^i) = \max \{u^i(x) \mid x \in B_{\bar{p}}^i\}$$
$$\max_{B_{\bar{p}}^i} u^i(x)$$

gilt.

Einen Existenzsatz kann man in allgemeiner Form nur unter zusätzlichen Voraussetzungen führen.

Definition 3.5.   Eine Präferenzordnung heißt konvex, falls gilt

$$x \succsim y,\ 0 < \lambda < 1 \text{ impliziert}$$
$$\lambda x + (1 - \lambda)y \succsim y \qquad (x,y\ \mathbb{R}^{m+})$$

strikt konvex, falls gilt

$$x \neq y,\ x \succsim y,\ 0 < \lambda < 1 \text{ impliziert}$$
$$\lambda x + (1 - \lambda)\ y \succsim y$$
$$(x,y \in \mathbb{R}^{m+})$$

verträglich (mit der Halbordnung),
falls $x \neq y$ stets $x \succsim y$ nach sich zieht.

Bemerkung. Sei u eine $\succsim$ repräsentierende Nutzenfunktion. Ist $\succsim$ konvex, so ist u konkav und umgekehrt. Ist $\succsim$ strikt konvex, so ist u strikt konkav und umgekehrt.

Satz 3.6. Es sei $\mathcal{M} = (\Omega,\ \mathbb{R}^{m+},\ (\succsim),\ A)$ ein Markt und $\succsim_i$ verträglich (und stetig) ($i \in \Omega$). u^i repräsentiere $\succsim_i$. Ferner sei $\hat{p} \in P$ und $\hat{X} = (\hat{x}^i)_i$ derart daß gilt

$$(10) \qquad \hat{x}^i \in B_{\hat{p}}^i \qquad (i \in \Omega)$$

$$(11) \qquad \sum_i \hat{x}^i \leq \sum_i a^i$$

$$(12) \qquad u(\hat{x}^i) = \max \{u(x) \mid x \in B_{\hat{p}}^i\}$$

Dann existiert ein Gleichgewicht $(\hat{p},\ \bar{X})$ für $\mathcal{M}$. Ist $\succsim_i$ strikt konvex, so ist $(\hat{p},\ \hat{X})$ bereits Gleichgewicht.

Beweis. Gilt in (11) bereits das Gleichheitszeichen, so ist $\hat{X} \in \mathcal{O}$ und weiter nichts zu zeigen. Sei daher

$$(13) \qquad z = \sum_{i \in \Omega} a^i - \sum_i \hat{x}^i \neq 0 \qquad \text{angenommen.}$$

Falls $\hat{p}z > 0$ gilt, setzen wir

$$\varepsilon_i = \sup \{\varepsilon \mid \hat{p}\,(\hat{x}^i + \varepsilon z) \leqslant pa^i\},$$

so daß jedenfalls $\hat{p}\,(\hat{x}^i + \varepsilon_i z) = \hat{p}a^i \ (i\in\Omega)$ gilt.

Falls $\hat{p}z = 0$ gilt, setzen wir

$$\varepsilon_i = \frac{1}{n} \ ,$$

dann ist $\displaystyle\sum_{i\in\Omega} \hat{p}\hat{x}^i = \sum_{i\in\Omega} \hat{p}a^i$

und wegen $\hat{x}^i \in B^i_{\hat{p}}$ auch $\hat{p}\hat{x}^i = \hat{p}a^i \ (i\in\Omega)$, also erneut $\hat{p}(\hat{x}^i + \varepsilon_i z) = pa^i$.

In jedem Falle ist $\displaystyle\sum_i \varepsilon_i = 1$ wegen

$$\sum_{i\in\Omega} \hat{p}a^i = \sum_{i\in\Omega} \hat{p}\hat{x}^i + \hat{p}z \sum_{i\in\Omega} \varepsilon_i$$

$$= \sum_{i\in\Omega} \hat{p}\hat{x}^i + (\hat{p}\sum_{i\in\Omega} a^i - \hat{p}\sum_{i\in\Omega} \hat{x}^i)\sum_{i\in\Omega} \varepsilon_i$$

Setzt man daher

$$\bar{x}^i = \hat{x}^i + \varepsilon_i z \ ,$$

so ist offenbar $(\bar{p}, \bar{X})$ ein Gleichgewicht.

Ist $\succapprox_i$ strikt konvex und verträglich, so ist u^i strikt konkav und monoton, also sogar strikt monoton, mithin

$$u^i(\bar{x}^i) > u^i(\hat{x}^i)$$

für $\varepsilon_i > 0$. Da dies der Maximalitätseigenschaft von $\hat{x}^i$ in $B^i_{\hat{p}}$ widerspricht, war (13) nicht möglich. Also war $\hat{X}$ schon zulässige Verteilung. q.e.d.

Satz 3.6. besagt, daß aus $\hat{X}$ schon eine Gleichgewichtsverteilung erzeugt werden kann, indem man überschüssige Güter verteilt. Wenn $\succapprox_i$ verträglich ist, kann sich Spieler i dabei höchstens verbessern.

4.) Ein Existenzsatz ist nun zunächst leichter zu beweisen, wenn man
=== die Existenz größter Elemente im Sinne von $\succapprox_i$ voraussetzt.

Beweistechnisch kann man dies erzwingen, indem man $\succapprox_i$ für "große x" künstlich konstant setzt. Das läßt sich so präzisieren:
Sei eine Präferenzordnung, u eine repräsentierende Nutzenfunktion.
Für $\lambda > 0$ "schneiden wir u ab", indem wir

$$u^\lambda(x) = u(x \wedge \lambda e)$$

setzen. u^λ erzeugt seinerseits eine Präferenzordnung $\succapprox_{(\lambda)}$. Man sieht leicht, daß jede Nutzenfunktion v, die $\underset{(\lambda)}{\succsim}$ repräsentiert,

$$v(x) = v(x \wedge \lambda e)$$

leistet. Das rechtfertigt die folgende

Definition 4.1. $\succsim$ heißt kupiert (bei $\lambda \geq 0$), falls es eine repräsentierende Nutzenfunktion u gibt derart, daß

$$u(x) = u(x \wedge \lambda e) \qquad (x \in \mathbb{R}^{m+}) \qquad \text{gilt.}$$

Die Äquivalenzklassen einer kupierten Präferenzordnung sehen charakteristischerweise wie folgt, aus:

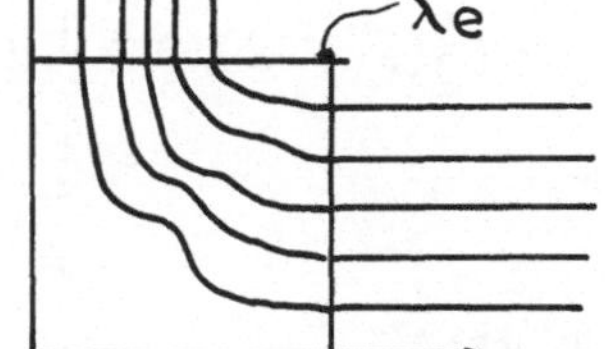

Satz 4.2.   Ist $\succsim$ kupiert bei λ und verträglich, so ist λe ein größtes Element. Der Beweis ist trivial.

Definition 4.3. $\succsim$ heißt strikt konvex kupiert (bei $\lambda > 0$), falls $\succsim$ kupiert ist bei λ und für $x, y \leq \lambda e$, $x \neq y$, $x \succsim y$, $0 < \lambda < 1$, stets

$$x + (1 - \lambda)y \underset{\sim}{\succ} y \qquad \text{gilt.}$$

In diesem Falle ist also jede repräsentierende Nutzenfunktion u strikt konkav_ in $\{x \in \mathbb{R}^{m+} \mid x \leq \lambda e\}$. Wir sagen dann, u sei strikt konkav kupiert.

Satz 4. 4. Sei u stetig strikt konkav, kupiert, $a \in \mathbb{R}^{m+}$, $p \in P$ und

$$B_p = \{x \in \mathbb{R}^{m+} \mid px \leq pa\}$$

eine "Budgetmenge". Dann gibt es genau ein $\bar{x} \in B_p$ mit

$$(2) \qquad u(\bar{x}) = \alpha = \sup_{B_p} u(x). \quad \text{und}$$

$$(3) \qquad \bar{x} \leq \lambda e$$

Beweis. Es sei $(x^k)_{k=1}^{\infty}$ eine Folge von Vektoren in $\mathbb{R}^{m+}$ derart, daß

$$x^k \in B_p \qquad k = 1, 2, \ldots$$

und

$$\lim_{k \to \infty} u(x^k) = \alpha$$

gilt. Mit $y^k = x^k \wedge \lambda e$ gilt dann auch

$$\lim_{k \to \infty} u(y^k) = \alpha$$

Notfalls nach Auswahl einer Teilfolge konvergiert y^k gegen ein

$\bar{x} \in \mathbb{R}^{m+}$, $\bar{x} \leqslant \lambda e$. Wegen der Stetigkeit von u ist

$$u(\bar{x}) = \alpha .$$

Ferner gilt

$$p\bar{x} = \lim_{k \to \infty} py^k \leqslant \lim_{k \to \infty} px^k \leqslant pa$$

also ist $\bar{x} \in B_p$ und erfüllt die geforderten Bedingungen. Wäre $\hat{x}$ ein weiteres Element mit (2) und (3), so wäre auch

$$\frac{1}{2}(\bar{x} + \hat{x}) \in B_p$$

und

$$u(\frac{1}{2}(\bar{x} + \hat{x})) > \frac{1}{2}(u(\bar{x}) + u(\hat{x}))$$
$$= \frac{1}{2}(\alpha + \alpha)$$
$$= \alpha ,$$

was nicht geht.

<u>Satz</u> 4.5. Unter den Voraussetzungen von Satz 4.4. ist die durch

$$h(p) = \bar{x}$$

definierte Abbildung

(4) $\qquad h: P \to \mathbb{R}^{m+}$

stetig.

Beweis: Es sei $p^k \to p$ $(k \to \infty)$ eine konvergente Folge von Preisvektoren. Wegen $h(p^k) \leqslant \lambda e$ können wir gleich (Teilfolge)

(5) $\qquad h(p^k) \to \hat{y}$

(6) $\qquad \hat{y} \leqslant \lambda e$

annehmen. Wir haben $\hat{y} = h(p)$ zu zeigen.

Nun überlegt man leicht, daß für beliebiges $x \in B_p$ eine Folge

$$x^k \in B_{p^k} \qquad (k = 1,2,\dots)$$

existiert mit $x^k \to x$. Daraus folgt

(7) $\qquad u(\hat{y}) = \lim_{k \to \infty} u(h(p^k))$
$$\geqslant \lim_{k \to \infty} u(x^k)$$
$$= u(x) \qquad (x \in B_p) .$$

Ferner gilt

(8) $\qquad p\hat{y} = \lim_{k \to \infty} p^k h(p^k) \leqslant \lim_{k \to \infty} p^k a = pa$

Nun beweisen (6), (7) und (8), daß $\hat{y}$ das eindeutig definierte maximierende Element von u in B_p sein muß, also $\hat{y} = h(p)$.

<u>Satz</u> 4.6. Sei $\mathcal{M} = (\Omega, \mathbb{R}^{m+}, (\gtrsim), A)$ ein Markt. Jedes $\gtrsim_i$ sei verträglich, strikt konvex kupiert (bei λ_i) und stetig, es gelte $a^i \leq \lambda_i e$. Dann existiert ein Gleichgewicht $(\bar{p}, \bar{X})$ für $\mathcal{M}$.

Beweis. Für jedes $i \in \Omega$ sei
$$h^i : P \to \mathbb{R}^{m+}$$

die in Satz 4.5. behandelte Abbildung, d.h., $h^i(p)$ ist das eindeutig definierte Element in B_p^i mit

$$(9) \qquad \begin{aligned} h^i(p) &\leq \lambda_i \\ u^i(h^i(p)) &\geq u^i(x) \qquad x \in B_p^i \end{aligned}$$

Es sei
$$(10) \qquad b(p) = \sum_{i \in \Omega} (h^i(p) - a^i)$$

Wir betrachten die Abbildung $f: P \to P$, die durch

$$(11) \qquad f(p) = \frac{p + b^+(p)}{1 + \sum_{j=1}^{m} b_j^+(p)}$$

definiert ist. Da alle auftretenden Operationen stetig sind, ist f stetig. Der Brouwersche Fixpunktsatz sichert daher die Existenz eines Fixpunktes $\bar{p}$ mit $f(\bar{p}) = \bar{p}$, das heißt

$$(12) \qquad \bar{p}\left(1 + \sum_{j=1}^{m} b_j^+(\bar{p})\right) = \bar{p} + b^+(\bar{p})$$

oder

$$(12) \qquad \bar{p} \sum_{j=1}^{m} \bar{b}_j^+ = \bar{b}^+$$

mit $\bar{b} = b(\bar{p})$.

Angenommen, es sei

$$(13) \qquad \sum_{j=1}^{m} \bar{b}_j^+ > 0 .$$

Dann besagt (12), daß $\bar{p}_k$ O genau dann, wenn $\bar{b}_k$ O gilt, also ist

$$(14) \qquad \bar{p}\bar{b} = \bar{p}\bar{b}^+ > 0 .$$

Andererseits haben wir

$$(15) \qquad \bar{p}\bar{b} = \bar{p} \sum_{i\in\Omega} (h^i (\bar{p}) - a^i)$$

$$= \sum_{i\in\Omega} \bar{p}h^i (\bar{p}) - \bar{p}a^i$$

$$\leqslant 0$$

wegen $h^i (\bar{p}) \ B^i_{\bar{p}}$. Der Widerspruch zwischen (14) und (15) zeigt, daß
(13) nicht richtig sein kann. Also ist

$$0 \geqslant \bar{b} = \sum_{i} (h^i (\bar{p}) - a^i),$$

Nach Satz 3.6. gibt es daher ein Gleichgewicht in w,q.e.d.

Es ist klar, daß die Verträglichkeit nur ins Spiel kommt, weil wir
den Gleichgewichtsbegriff recht streng definiert haben. Hätte man
in $\underline{3.}$) (4) das $\leqslant$-Zeichen zugelassen, (also das Wegwerfen von Gütern
gestattet), so wäre die Berufung auf Satz 3.6. nicht nötig. Zum Bei-
spiel können gewisse Waren nur in Verpackung gehandelt werden, die
nachher lästig fällt. Um Gleichgewichte zu erhalten, muß man entweder die Verpackung gar nicht mitzählen , (damit $\gtrsim_i$ verträglich wird),
oder gestatten, daß sie weggeworfen wird.

Darüber hinaus sollte bemerkt werden, daß der Beweis von Satz 4.5.
durchaus eine anschauliche Deutung zuläßt (vgl. auch die Bemerkungen
nach Definition 3.3.)
Für jeden vorgegebenen Preis $p \in P$ versucht der Spieler i, seinen
Nutzen zu maximieren, d.h., $h_i(p)$ zu erhalten. Für jeden Spieler ist
das nur realisierbar, wenn $\sum_i h_i (p) = \sum_i a^i$ gilt. Die positi-
ven Komponenten von b(p) geben also gerade diejenigen Güter an, nach
denen eine zu hohe Nachfrage besteht. Infolgedessen wird der Preis
dieser Güter steigen; dies wird durch f(p) ausgedrückt. Ist p = f(p),
so bleiben alle Preise konstant, d.h., ein Gleichgewicht liegt vor.

<u>Satz</u> 4.7.   Sei $= (\Omega, \ \mathbb{R}^{m+}, \ (\gtrsim), \ A)$ mit stetigen, strikt konvexen,
    verträglichen $\gtrsim_i$ $(i\in\Omega)$. Dann existiert ein Gleichgewicht.

Beweis. u^i repräsentiere $\gtrsim_i$ $(i\in\Omega)$. Für jedes l = 1,2,... sei

$$(16) \qquad u^i_l(x) = u^i (x\wedge le)$$

sowie $\underset{(u_1^i)}{\gtrsim}$ die von u_1^i erzeugte Präferenzordnung. $\underset{(u_1^i)}{\gtrsim}$ ist strikt

konvex kupiert bei 1.

Mithin existiert für jedes 1 ein Gleichgewicht (p^1, X^1) für den Markt

$$(17) \qquad \mathcal{m}^{(1)} = (\Omega, \mathbb{R}^{m+}, (\underset{(u_1^i)}{\gtrsim})_{i \in \Omega}, A) .$$

Wegen $p^1 \in P$ und $X^1 \in \mathcal{Ol}(\mathcal{m}^{(1)}) = \mathcal{Ol}(\mathcal{m})$ findet man eine Teilfolge $(l_k)_{k=1}^{\infty}$

der natürlichen Zahlen sowie $\bar{p} \in P$ und $\bar{X} \in \mathcal{Ol}$ mit

$$p^{l_k} \to \bar{p} \quad (k \to \infty)$$

$$X^{l_k} \to \bar{X}, \ x^{i,l_k} \leq l_k e$$

Unser Ziel ist natürlich, $(\bar{p}, \bar{X})$ als Gleichgewicht zu identifizieren.

Nun ist in der Tat

$$\overline{p}\overline{x}^i = \lim_{k \to \infty} p^{l_k} x^{i,l_k}$$

$$(18) \qquad \leq \lim_{k \to \infty} p^{l_k} a^i$$

$$= \bar{p} a^i \qquad (i \in \Omega),$$

also $\bar{x}^i \in B^i_{\bar{p}}$. Ferner sei für beliebiges $x \in B^i_{\bar{p}}$ eine Folge $x^{l_k} \in B^i_{p^{l_k}}$

gegeben mit $x^{l_k} \to x \ (k \to \infty)$.

O.B.d.A. kann $x^{l_k} \leq l_k e$ angenommen werden, sonst ersetzt man x^{l_k}

durch $x^{l_k} \wedge l_k e$.

Daher gilt:

$$u^i(\bar{x}^i) = \lim_{k \to \infty} u^i (x^{i,l_k})$$

$$= \lim_{k \to \infty} u^i_{l_k} (x^{i,l_k})$$

$$(19) \qquad \geq \lim_{k \to \infty} u^i_{l_k} (x^{l_k})$$

$$= \lim_{k \to \infty} u^i (x^{l_k}) = u^i (x) \qquad (i \in \Omega).$$

Mithin ist $\bar{x}^i$ optimal in $B_{\bar{p}}^i$ und $(\bar{p},\bar{X})$ also Gleichgewicht.

Satz 4.8. Ist $\mathfrak{m} = (\Omega,\ \mathbb{R}^{m+},\ (\gtrsim),\ A)$ mit stetigem, konvexen, verträglichen $(\gtrsim)$, so gibt es stets ein Gleichgewicht.
  $(u^i$ repräsentiere $\gtrsim_i$, o.B.d.A. $o \le u^i \le 1)$

Beweis. Sei $u: \mathbb{R}^{m+} \to 0,1$ irgendeine stetige, strikt konkave Funktion. Für jedes natürliche l ist

$$(20) \qquad u_l^i = \frac{l-1}{l}\, u^i + \frac{1}{l}\, u$$

strikt konkav. $\mathfrak{m}^{(1)}$ sei aus $\mathfrak{m}$ gewonnen, indem u^i durch u_l^i ersetzt wird.
$(p^l,\ X^l)$ sei Gleichgewicht in $\mathfrak{m}^{(1)}$ und

$$p^{l_k} \to \bar{p}\ ,\ X^{l_k} \to \bar{X}\ .$$

Man zeigt wie in (18), daß $\bar{x}^i \in B_{\bar{p}}^i$ richtig ist.

Aus (20) läßt sich leicht

$$| u^i(x) - u_l^i(x) | \le \frac{2}{l}\ (x \in \mathbb{R}^{m+})$$

folgern, daher gilt für $x \in B_{\bar{p}}^i$,

$$x^{l_k} \to x,\quad x^{l_k} \in B_{p^{l_k}}^i$$

$$\begin{aligned}
u^i(\bar{x}^i) &= \lim_{k \to \infty} u^i\,(x^{l_k,\,i}) \\[2mm]
&\ge \lim_{k \to \infty} (u_{l_k}^i\,(x^{l_k,\,i}) - \frac{2}{l_k}) \\[2mm]
&\ge \lim_{k \to \infty} (u_{l_k}^i\,(x^{l_k}) - \frac{2}{l_k}) \\[2mm]
&\ge \lim_{k \to \infty} (u^i\,(x^{l_k}) - \frac{4}{l_k}) \\[2mm]
&= u^i\,(x),
\end{aligned}$$

was zu zeigen war.

5.) Wir untersuchen flüchtig zwei einfache Beispiele.
=== Es sei $u: \mathbb{R}^{2+} \to \mathbb{R}$ definiert durch

$$(1) \qquad u(x_1,\ x_2) = \max\,(x_1,\ x_2)$$

Die Äquivalenzklassen der durch u
repräsentierten Präferenzordnung
sind durch (2) veranschaulicht.

(2)

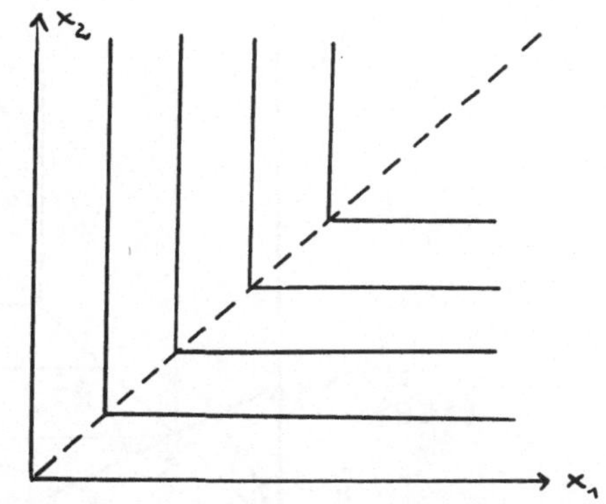

Ein Spieler mit dieser Präferenzordnung strebt danach, möglichst
gleich viel von beiden Gütern zu haben. Sei

(3) $\Omega = L + R$

eine disjunkte Zerlegung von Ω und

(4) $a^i = \begin{cases} (1,0) & i \in L \\ (0,1) & i \in R \end{cases}$

Der Markt

(5) $\mathcal{m} = (\Omega,\ \mathbb{R}^{2+},\ \binom{\angle}{(u)},\ A)$

hat eine gewisse Verwandtschaft mit dem "Handschuhspiel" aus § 1, die
wir später noch näher untersuchen werden. Wir interessieren uns für
ein Gleichgewicht.
Sei zunächst $|L| < |R|$. Wir wählen irgendein $R_0 \subseteq R$, $|R_0| = |L|$
und setzen

(6) $\bar{p} = (1,0)$

$\bar{x}^i = \begin{cases} (1,1) & i \in L \\ (0,0) & i \in R_0 \\ (0,1) & i \in R - R_0 \end{cases}$

Man überzeugt sich leicht, daß $(\bar{p},\ \bar{X})$ ein Gleichgewicht ist. Im Wesentlichen ist es sogar das einzige Gleichgewicht in diesem Markt.
In der Tat sei nämlich $(\hat{p},\ \hat{X})$ ein weiteres Gleichgewicht. Wäre etwa

(7) $\hat{p} > 0,$

so müßte jedes $\hat{x}^i$ als (eindeutig bestimmtes) optimales Element in $B^i_{\hat{p}}$
ein Vielfaches von $e = (1,1)$ sein. (vgl. (8))

Mithin wäre auch $\sum_{i \in \Omega} \hat{x}^i$ ein Vielfaches von e, also verschieden von
$\sum_{i \in \Omega} a^i = (|L|,\ |R|).$

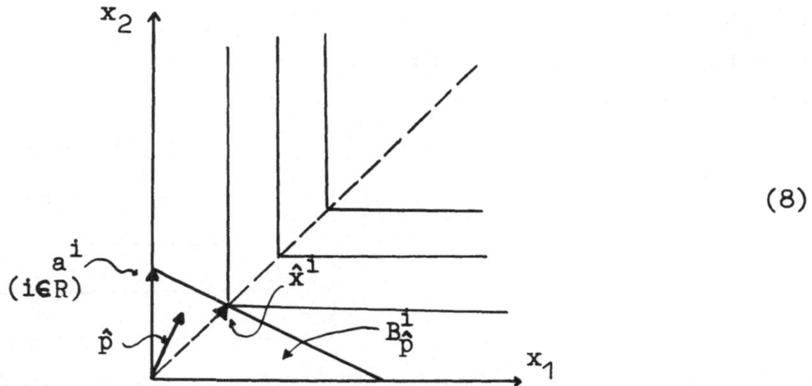

(8)

Das widerlegt die Annahme (7). Ähnlich widerlegt man die Annahme $\hat{p}_2 > 0$, so daß nur $\hat{p} = \bar{p}$ möglich bleibt.

Schließlich ist für $i \in L$ das optimale $\hat{x}^i$ eindeutig $\bar{x}^i = (1,1)$. Für $i \in R$ ist $B^i_{\bar{p}} = \{x \mid x_1 = 0,\ x_2 \geq 0\}$ und diese Budgetmenge liegt völlig in der Äquivalenzklasse $E_{(0,0)}$ $(\succsim)$. Daher müssen in einem Gleichgewicht gewisse |L| Spieler aus R ihren Besitz an die Spieler aus L abgeben, der Rest kann in R beliebig verteilt werden.

Man sieht: wegen der extrem simplen Form der Präferenzordnung bringt schon ein leichtes Überangebot der Ware x_2 einen völligen Preisverfall mit sich, die Besitzer von x_1 dominieren den Markt völlig. Das Konzept des Gleichgewichtes ist hier übermäßig sensibel gegen Überangebote.

Für den Fall $|L| = |R|$ erhält man eine ganze Familie von Gleichgewichten: es ist nämlich für jedes $\bar{p}$ P mit

$$\bar{x}^i = \bar{p}_1\ (1,1) \qquad (i \in L)$$
$$\bar{x}^i = \bar{p}_2\ (1,1) \qquad (i \in R)$$

stets $(\bar{p}, \bar{X})$ ein Gleichgewicht.

Betrachten wir noch das "Gin und Tonic" Beispiel aus Abschnitt 1.) Eine repräsentierende Nutzenfunktion ist z.B.

$$(9) \qquad u(x_1,\ x_2) = \max\ (\min\ (2x_1,\ x_2),\ \min\ (x_1,\ 2x_2)\ )$$

Wir setzen

$$(10) \qquad \underset{i}{\succsim} = \underset{(u)}{\succsim} \qquad (i \in \Omega)$$
$$a^i = (\tfrac{1}{2}, \tfrac{1}{2}) \qquad (i \in \Omega) \quad \mathcal{M} = (\Omega,\ \mathbb{R}^{2+},\ (\succsim),\ A)$$

Es sei zunächst n gerade. Wenn es überhaupt ein Gleichgewicht gibt,
so muß $\bar{p} = (\frac{1}{2},\frac{1}{2})$ sein, anderenfalls wäre o.B.d.A. ein gewisses Viel-
faches von $(\frac{2}{3},\frac{1}{3})$ optimal in $B_{\bar{p}}^i$, und daher $\sum\limits_{i\in\Omega} \bar{x}^i$ ebenfalls als Viel-

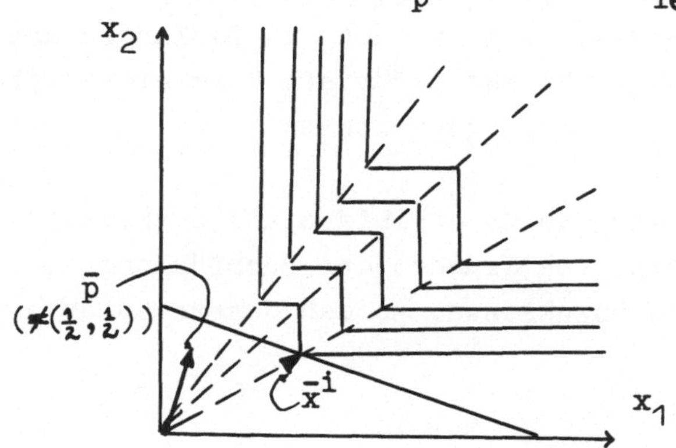

faches von $(\frac{2}{3},\frac{1}{3})$ keine zulässige Verteilung.

Mit $\bar{p} = (\frac{1}{2},\frac{1}{2})$ kann man aber in der Tat für jede Zerlegung

$$\Omega = \Omega_1 + \Omega_2, |\Omega_1| = |\Omega_2| = \frac{n}{2}$$

ein Gleichgewicht durch die Festsetzung

$$(11) \qquad \bar{x}^i = (\frac{1}{3},\frac{2}{3}) \qquad i\in\Omega_1$$

$$\bar{x}^i = (\frac{2}{3},\frac{1}{3}) \qquad i\in\Omega_2$$

erhalten.

Für ungerade n gibt es dagegen überhaupt kein Gleichgewicht. Genau
wie eben müßte nämlich $\bar{p} = (\frac{1}{2},\frac{1}{2})$ sein. Jedes $\bar{x}^i$ wäre einer der beiden
Vektoren

$$(12) \qquad (\frac{1}{3},\frac{2}{3}) \ , \ (\frac{2}{3},\frac{1}{3})$$

Es ist aber nicht möglich, jedem $i\in\Omega$ einen der beiden Vektoren (12)
zuzuschreiben, derart, daß die Summe $\sum\limits_{i\in\Omega} \bar{x}^i$ gerade $(\frac{n}{2},\frac{n}{2})$ ergibt.

§ 6   <u>Transferierbarer Nutzen</u>

<u>1.)</u> Unsere nächste Aufgabe ist es, die im vorhergehenden Paragraphen
eingeführten Märkte in die kooperative Spieltheorie einzubetten.

Halten wir un vor Augen, daß zur Repräsentierung eines Spieles durch
eine (reellwertige) Mengenfunktion v eine stillschweigende Voraussetzung gemacht wurde: Die Spieler sollen in der Lage sein, innerhalb
einer Koalition Gewinne nach Vereinbarung aufzuteilen. Dazu müssen sie
in der Lage sein, Nutzenvergleiche zu ziehen und Zahlungen untereinander auszuführen. In einem Markt ist dafür ein Vergleichsmittel notwendig, es muß also "Geld" zur Verfügung stehen.

Wir gehen nun so vor, daß wir das Geld einfach als zusätzliches Gut
m + 1 in den Markt einführen. Aus Gründen der Buchführung ist es
notwendig, negative Beträge zuzulassen, so daß unsere Güterverteil-
lungen nun Vektoren

$$(x, \zeta) \quad \mathbb{R}^{m+} \times \mathbb{R}$$

sind. Selbstverständlich kann die vorher behandelte Nutzentheorie
ohne weiteres übernommen werden, wenn man $\mathbb{R}^{m+}$ durch $\mathbb{R}^{m+} \times \mathbb{R}$ ersetzt.
Es wäre auch leicht, den Existenzsatz für das Gleichgewicht herüber-
zuziehen, es stellt sich jedoch heraus, daß wir dies gar nicht nötig
haben.

<u>Definition</u> 1.1. Man sagt, ein Quadrupel

$$(1) \qquad \mathcal{M} = (\Omega, \mathbb{R}^{m+} \times \mathbb{R}, (\gtrsim), A)$$

sei ein <u>Markt mit transferierbarem Nutzen</u>, falls die folgenden
Bedingungen erfüllt sind:

1. $\quad \Omega = \{1, \ldots, n\}$

2. $\quad (\gtrsim) = (\gtrsim_i)_{i \in \Omega}$ ist eine Familie von Präferenzordnungen, er-

klärt auf $\mathbb{R}^{m+} \times \mathbb{R}$.

3. Es gibt für $i \in \Omega$ eine $\gtrsim_i$ repräsentierende Nutzenfunktion

$$U^i : \mathbb{R}^{m+} \times \mathbb{R} \to \mathbb{R}$$

sowie eine Funktion

$$u^i : \mathbb{R}^{m+} \to \mathbb{R}$$

mit

$$U^i(x_1, \ldots, x_m, \zeta) = u^i(x_1, \ldots, x_m) + \zeta$$

4. Es ist $A = ((a^i, 0)_{i \in \Omega}$.

Für jedes $i \in \Omega$ ist

$$(2) \qquad (a^i, 0) = (a^i_1, \ldots, a^i_m, 0) \qquad (a^i_j \geq 0, \ j = 1, \ldots, m)$$

Die Forderung 4. dient lediglich der Bequemlichkeit und ist stets

leicht zu erzwingen. Die Forderung 3. besagt, daß alle Spieler in
der letzten Komponente des Warenbündels die gleiche Nutzenskala haben, und die Nutzenfunktion sich dort zudem additiv verhält. Grob gesprochen, ist es für einen Spieler daher jederzeit möglich, seinen Besitzstand in Geld umzurechnen (man hat

$$U^i(x,\xi) = U^i(0, u^i(x) + \xi)$$
$$= u^i(x) + \xi)$$

und damit auf einer allgemein anerkannten Skala auszudrücken.

Die Definitionen § 5 3.2. und §5 3.3. übernehmen wir, indem wir $\mathbb{R}^{m+}$
durch $\mathbb{R}^{m+} \times \mathbb{R}$ ersetzen. Jedoch werden wir Güterverteilungen vorzugs-
weise

$$(5) \qquad X = ((x^i, \xi^i))_{i \in \Omega}$$

mit $x^i \in \mathbb{R}^{m+}$, $\xi^i \in \mathbb{R}$, schreiben. Neben der Menge

$$(6) \qquad \alpha = \{X \mid \sum_{i \in \Omega} (x^i, \xi^i) = \sum_{i \in \Omega} (a^i, 0)\} \quad \text{betrachten wir auch}$$

$$(7) \qquad \alpha^0 = \{X^0 \mid X^0 = (x^i)_{i \in \Omega}, \; x^i \in \mathbb{R}^{m+}, \; \sum_{i \in \Omega} x^i = \sum_{i \in \Omega} a^i \},$$

je nachdem ob wir die Geldkomponente gerade mit anschreiben wollen
oder nicht.

Wie wir gesehen haben, sind Preisvektoren eine Möglichkeit, das Verhältnis von Angebot und Nachfrage auszudrücken. Ist Geld im Markt
vorhanden, so sollte es möglich sein, die Nachfrage nach einem Gut
durch seinen Geldwert auszudrücken.

<u>Definition</u> 1.2.   Ist $p \in P$(d.h. nun $\sum_{j=1}^{m+1} p_j = 1$, $p_j \geq 0$ $(j = 1, \ldots, m+1))$

und $p_{m+1} > 0$, so heißt der durch

$$(8) \qquad \beta_j = \frac{p_j}{p_{m+1}} \quad (j = 1, \ldots, m)$$

$$(9) \qquad p_j = \frac{\beta_j}{\sum_{j=1}^{m} \beta_j + 1} \quad (j = 1, \ldots, m)$$

$$p_{m+1} = \frac{1}{\sum_{j=1}^{m} \beta_j + 1}$$

mit p eindeutig verbundene Vektor β der zu p gehörige Geld_
wertvektor_.

Für jedes $p \in P$ kann man β aus (8) bestimmen; umgekehrt liefert jedes
$\beta \in \mathbb{R}^{m+}$ vermöge (9) einen Preisvektor $p \in P$.

Gehen wir nun daran, den Begriff des Gleichgewichtes umzuformen. Ein
Spieler i beginnt mit einem Warenbündel a^i und handelt x^i ein. Ist
β der zur Zeit herrschende Geldwert, so ist sein Verlust gegenüber
der Ausgangslage durch

$$\beta x^i - \beta a^i$$

angegeben. Daher ist sein Nutzen nun

$$u(x^i) - \beta(x^i - a^i)$$

<u>Satz</u> 1.3. Genau dann ist $(\bar{p}, \bar{X})$ ein Gleichgewicht, wenn für $i \in \Omega$ stets

$$(10) \qquad u^i(\bar{x}^i) - \overset{o}{p}(\bar{x}^i - a^i) \geq u^i(y) - \overset{o}{p}(y - a^i) \qquad (y \in \mathbb{R}^{m+})$$

$$(11) \qquad \bar{\xi}^i = \overset{o}{p}a^i - \overset{o}{p}x^i \qquad \text{gilt.}$$

Beweis. Da zu Anfang jeder Spieler den Geldwert Null besitzt, ist
$(\bar{p}, \bar{X})$ nach Definition ein Gleichgewicht genau dann, wenn gilt:

$$(12) \qquad \sum_{j=1}^{m} \bar{p}_j \bar{x}^i_j + \bar{p}_{m+1} \bar{\xi}^i \leq \sum_{j=1}^{m} \bar{p}_j a^i_j \qquad (i \in \Omega)$$

$$(13) \qquad \left\{ \begin{array}{c} \sum_{j=1}^{m} \bar{p}_j y_j + \bar{p}_{m+1}\eta \leq \sum_{j=1}^{m} \bar{p}_j a^i_j \\[4pt] \text{impliziert} \\[4pt] u^i(y) + \eta \leq u^i(\bar{x}^i) + \bar{\xi}^i \qquad (i \in \Omega, y \in \mathbb{R}^{m+}, \eta \in \mathbb{R}) \end{array} \right.$$

Wäre $\bar{p}_{m+1} = 0$, so ließe sich (13) durch hinreichend große Wahl von η
stets falsch machen. Also ist $\bar{p}_{m+1} > 0$. Division mit $\bar{p}_{m+1}$ liefert daher aus (12)

$$(14) \qquad \overset{o}{p}\bar{x}^i + \bar{\xi}^i \leq \overset{o}{p}a^i \qquad i \in \Omega$$

und aus (13)

$$(15) \qquad \overset{o}{p}y + \; \leq \overset{o}{p}a^i \text{ impliziert } u^i(y) + \eta \leq u^i(\bar{x}^i) + \bar{\xi}^i$$

$$(i \in \Omega, \; y \in \mathbb{R}^{m+}, \; \eta \in \mathbb{R})$$

Wegen

$$\overset{\circ}{p}\sum_{i\in\Omega} a^i = \overset{\circ}{p}\sum_{i\in\Omega}\bar{x}^i = \overset{\circ}{p}\sum_{i\in\Omega}\bar{x}^i + \sum_{i\in\Omega}\bar{\xi}^i \leq \bar{p}\sum_{i\in\Omega} a^i$$

liefert (14) sofort

$$(16)\qquad \overset{\circ}{p}\bar{x}^i + \bar{\xi}^i = \overset{\circ}{p}\, a^i$$

das heißt, (11) ist erfüllt. Sei $y\in\mathbb{R}^{m+}$ beliebig. Dann wählt man $\eta = \overset{\circ}{p}a^i - \overset{\circ}{p}y$ und hat

$$u^i(y) - u^i(\bar{x}^i) \leq \bar{\xi}^i - \eta \qquad\qquad \text{(nach 15)}$$

$$= \bar{\xi}^i - (\overset{\circ}{p}a^i - \overset{\circ}{p}y) \quad\leq\quad (\overset{\circ}{p}a^i - \overset{\circ}{p}x^i) - (\overset{\circ}{p}a^i - \overset{\circ}{p}y) \quad \text{(nach (14)}$$
$$\text{oder (16))}$$

das heißt, genau (10).

Sei umgekehrt (10), (11) erfüllt. Falls dann $\overset{\circ}{p}y + \eta \leq \bar{p}a^i$ gilt, $(y\in\mathbb{R}^{m+}, \eta\in\mathbb{R})$, so folgt sofort aus (10)

$$\eta \leq \overset{\circ}{p}a^i - \overset{\circ}{p}y$$
$$\leq u^i(\bar{x}^i) - u^i(y) - \overset{\circ}{p}(\bar{x}^i - a^i)$$
$$\leq u^i(\bar{x}^i) - u^i(y) + \bar{\xi}^i$$

das heißt, (15) ist erfüllt. Von da aus rechnet man sofort auf (13) um.

2.) <u>Satz</u> 2.1. Sei

$$\mathcal{M} = (\Omega,\ \mathbb{R}^{m+}\times\mathbb{R},\ (\succeq),\ A)$$

ein Markt mit transferierbarem Nutzen. Es gelte

$$(1)\qquad \sum_i a^i > 0$$

Jede der zugehörigen Nutzenfunktionen $u^i : R^{m+} \to R$ sei monoton, konkav, stetig und differenzierbar. Dann existiert ein Gleichgewicht $(\bar{p},\bar{X})$. $\bar{p}$ ist eindeutig bestimmt; die Gleichgewichte bilden im übrigen eine konvexe Menge. Ist jedes u^i strikt konkav, so ist auch $\bar{X}$ eindeutig bestimmt.

Beweis. Wegen der Kompaktheit von $\mathcal{A}^o$ existiert:

$$(2) \qquad \alpha = \max \left\{ \sum_{i \in \Omega} u^i(x^i) \,\middle|\, (x^i)_{i \in \Omega} \in \alpha^o \right\}$$

und es gibt $(\bar{x}^i_j)_{i \in \Omega} \in \alpha^o$ derart, daß

$$(3) \qquad \alpha = \sum_i u^i(\bar{x}^i)$$

richtig ist. Wir zeigen nun:

$$(4) \qquad \text{Ist } \bar{x}^k_j > 0, \text{ so gilt}$$

$$\frac{\partial u^k}{\partial x_j}(\bar{x}^k) \geqslant \frac{\partial u^i}{\partial x_j}(\bar{x}^i) \qquad i \in \Omega$$

In der Tat ist für hinreichend kleines $\varepsilon > 0$

$$(5) \qquad u^i(\bar{x}^i + \varepsilon e^j) - u^i(\bar{x}^i) = \varepsilon \frac{\partial u^i}{\partial x_j}(\bar{x}^i) + o(\varepsilon)$$

sowie

$$(6) \qquad u^k(\bar{x}^k - \varepsilon e^j) - u^k(\bar{x}^k) = - \varepsilon \frac{\partial u^k}{\partial x_j}(\bar{x}^k) + o(\varepsilon).$$

Addition liefert

$$(7) \qquad u^i(\bar{x}^i + \varepsilon e^j) + u^k(\bar{x}^k - \varepsilon e^j)$$
$$= u^i(\bar{x}^i) + u^k(\bar{x}^k) + \varepsilon \left(\frac{\partial u^i}{\partial x_j}(\bar{x}^i) - \frac{\partial u^k}{\partial x_j}(\bar{x}^k) \right) + o(\varepsilon)$$

Ist (4) verletzt, so ist für kleine $\varepsilon > 0$

$$(8) \qquad u^i(\bar{x}^i + \varepsilon e^j) + u^i(\bar{x}^k - \varepsilon e^j) > u^i(\bar{x}^i) + u^k(\bar{x}^k)$$

und

$$(9) \qquad (\bar{x}^1, \ldots, \bar{x}^i + \varepsilon e^j, \ldots, \bar{x}^k - \varepsilon e^j, \ldots, \bar{x}^n) \in \alpha^o,$$

d.h., die zulässige Verteilung (9) würde ein größeres α liefern, das beweist (4).

(4) besagt nun aber, daß für $\bar{x}^k_j > 0$ die partielle Ableitung

$$\frac{\partial u^k}{\partial x_j}(\bar{x}^k)$$

einen von k unabhängigen Wert hat. Wir setzen

$$(10) \qquad \overset{o}{\bar{p}}_j = \max_k \frac{\partial u^k}{\partial x_j}(\bar{x}^k)$$
$$= \frac{\partial u^k}{\partial x_j}(\bar{x}^k) \qquad \text{für } \bar{x}^k_j > 0.$$

(Nach (1) gibt es zu jedem j ein k mit $\bar{x}^k_j > 0$). $\bar{p} \gtrless 0$ gilt wegen der Monotonie der u^i.

Da u^i eine konkave Funktion ist, gilt stets

(11) $\qquad u^i(\bar{x}^i) - u^i(y) \geqq (\nabla u^i)(\bar{x}^i)(\bar{x}^i - y) \qquad (y \in \mathbb{R}^{m+})$

oder

(12) $\qquad u^i(\bar{x}^i) - u^i(y) \geqq \sum_{j=1}^{m} \dfrac{\partial u^i}{\partial x_j}(\bar{x}^i)(\bar{x}^i_j - y_j)$

$$\geqq \sum_{j=1}^{m} \overset{o}{p}_j (\bar{x}^i_j - y_j)$$

$$= \overset{o}{p}(\bar{x}^i - y)$$

Satz 1.3. liefert nun die Existenz des Gleichgewichts.

Die Interpretation des Verfahrens ist naheliegend: Man maximiere den gesamten Nutzen und erzeuge eine zulässige Verteilung vermöge 1.) (10), 1.) (11). Der Preis eines Gutes ist proportional der Richtungsableitung der Nutzenfunktion: bei stark anwachsender Ableitung ließe sich der Nutzen schneller steigern durch Ankauf der betreffenden Ware: die Ware ist stark gefragt. Bei maximalem Gesamtnutzen müssen alle diese Richtungsableitungen gleich sein - sonst könnten die Spieler durch Tausch den Gesamtnutzen erhöhen.

Es sei nun $(\hat{p}, \hat{x})$ irgendein Gleichgewicht. Nach Satz 1.3. ist dann

(13) $\qquad u^i(\hat{x}^i) - u^i(y) \geqq \overset{o}{p}(\hat{x}^i - y) \qquad (y \in \mathbb{R}^{m+})$

und daher

(14) $\qquad o \geqq \sum_{i \in \Omega} u^i(\hat{x}^i) - \sum_{i \in \Omega} u^i(\bar{x}^i)$

$$\geqq \overset{o}{p}\left(\sum_{i \in \Omega} \hat{x}^i - \sum_{i \in \Omega} \bar{x}^i\right) \geqq o \quad ,$$

das heißt:

(15) $\qquad \sum u^i(\hat{x}^i) = \alpha ;$

auch die $(\hat{x}^i)_{i \in \Omega}$ maximieren den Gesamtnutzen.

Ferner schließt man aus (13) und (15) etwa vermöge

$$u^i(\hat{x}^i) - u^i(\bar{x}^i) - \overset{o}{p}(\hat{x}^i - \bar{x}^i) \geqq o$$

$$\sum_{i \in \Omega} \left(u^i(\hat{x}^i) - u^i(\bar{x}^i) - \overset{o}{p}(\hat{x}^i - \bar{x}^i)\right) = o \quad ,$$

daß tatsächlich

(16) $\qquad u^i(\hat{x}^i) - u^i(\bar{x}^i) = \overset{o}{p}(\hat{x}^i - \bar{x}^i)$

gilt. Dies schreibt sich auch (Satz 1.3!) :

(17) $\quad u^i(\bar{x}^i) - \overset{\circ}{p}\bar{x}^i = u^i(\hat{x}^i) - \overset{\circ}{p}\hat{x}^i \geq u^i(y) - \overset{\circ}{p}y$

oder

(18) $\quad u^i(\bar{x}^i) - u^i(y) \geq \overset{\circ}{p}(\bar{x}^i - y) \qquad (y \in \mathbb{R}^{m+})$

Für festes j wähle man irgendein i mit $\bar{x}^i_j > 0$. Dann folgt aus (18):

$$\overset{\circ}{p}_j = \frac{\delta u^i}{\delta x_j}(\bar{x}^i) = \lim_{\varepsilon \to 0} \frac{u^i(\bar{x}^i) - u^i(\bar{x}^i - \varepsilon e^j)}{\varepsilon}$$

$$\geq \lim_{\varepsilon \to 0} \frac{\overset{\circ}{p}(\bar{x}^i - (\bar{x}^i - \varepsilon e^j))}{\varepsilon}$$

$$= \overset{\circ}{\hat{p}}_j$$

Die umgekehrte Ungleichung ist wegen $\dfrac{\delta u^i}{\delta x_j}(\bar{x}^i) = \lim\limits_{\varepsilon \to 0} \dfrac{u^i(\bar{x}^i + \varepsilon e^j) - u^i(\bar{x}^i)}{\varepsilon}$
ebenfalls richtig, also gilt

$$\overset{\circ}{p} = \overset{\circ}{\hat{p}}$$

Aus (16) folgt nun unmittelbar:

$$u^i(\hat{x}^i) - \overset{\circ}{\hat{p}}\hat{x}^i = u^i(\bar{x}^i) - \overset{\circ}{\hat{p}}\bar{x}^i$$

$$= u^i(\bar{x}^i) - \overset{\circ}{p}\bar{x}^i \,.$$

Die weiteren Aussagen des Satzes sind leichte Folgerungen aus der Konkavität der u^i.

<u>Satz</u> 2.2. Sei

$$\textit{m} = (\Omega,\ \mathbb{R}^{m+} \times \mathbb{R},\ (\succsim),\ A)$$

ein Markt mit transferierbarem Nutzen. Es gelte

$$\sum_{i \in \Omega} a^i > 0$$

Jede der zugehörigen Nutzenfunktionen sei monoton, konkav und stetig. Dann exisitiert ein Gleichgewicht $(\bar{p}, \bar{X})$. Ist $(\hat{p}, \hat{X})$ ebenfalls ein Gleichgewicht, so gilt

(19) $\quad u^i(\bar{x}^i) - \overset{\circ}{p}(\bar{x}^i - a^i) = u^i(\hat{x}^i) - \overset{\circ}{\hat{p}}(\hat{x}^i - a^i) \qquad (i \in \Omega)$

Beweis. Den Existenzsatz liefert man mit Hilfe der Approximation von u^i durch eine Folge differenzierbarer Nutzenfunktionen. Die Formeln (16), (17), (18) leitet man genau so her wie im Beweis von Satz 2.1.

Satz 1.3. liefert dann (19).

Satz 2.3. Sei $\mathbf{w}$ ein Markt, der den Voraussetzungen von Satz 2.2. genügt.
Es gelte $u^1 = u^2 = \ldots = u^n$. Sei

$$\bar{x}^k = \frac{1}{n} \sum_{i \in \Omega} a^i \quad (k \in \Omega)$$

sowie $\overset{o}{p}$ der Gradient irgendeiner linearen Funktion $L(x)$ mit
$L(\bar{x}^k) = u(\bar{x}^k)$, $L(x) \geqslant u(x)$, genommen bei $\bar{x}^k$.
Dann ist $(\bar{p}, \bar{X})$ ein Gleichgewicht.

In der Tat ist in diesem Falle gerade für beliebige $X^o \in \mathcal{a}^o$

$$\sum_{i \in \Omega} u^i(\bar{x}^i) = nu^1(\bar{x}^1) = nu^1(\frac{1}{n} \sum_{i \in \Omega} x^i)$$

$$\geqslant \sum_{i \in \Omega} u^1(x^i) = \sum_{i \in \Omega} u^i(x^i)$$

das heißt, $(\bar{x}^i)_{i \in \Omega}$ maximiert den Gesamtnutzen. $\overset{o}{p}$ ist gerade so definiert, daß die Bedingungen von Satz 1.3 erfüllt sind.

3.) Die einfachen Verhältnisse, die wir unter der Annahme transferierbaren Nutzens vorfinden, beruhen auf Satz 1.3 , der wesentlichen
Gebrauch davon macht, daß wir mit Hilfe von Geldauszahlungen letzt-
lich jede Familie $(x^i)_{i \in \Omega}$ zu einer zulässigen Verteilung $(x^i, \zeta^i)_{i \in \Omega}$
ergänzen können. Fassen wir nun den Markt als Koalitionsspiel auf,
dann ist es sinnvoll vom "maximalen gemeinsamen Nutzen der Koalition
$S \in \underline{P}$ " auszugehen, weil die Spieler einer Koalition untereinander
Ausgleichszahlungen vornehmen können.

Definition 3.1. Sei $\mathbf{w}$ ein Markt mit transferierbarem Nutzen, $(u^i)_{i \in \Omega}$
die zugehörigen Nutzenfunktionen. O.B.d.A. sei $u^i \geqslant 0$ $(i \in \Omega)$.
Die durch

(1) $$v^{\mathbf{w}}(S) = \max \left\{ \sum_{i \in S} u^i(x^i) \mid x^i \in \mathbb{R}^{m+}, \sum_{i \in S} x^i = \sum_{i \in S} a^i \right\}$$

definierte Mengenfunktion

$$v : \underline{P} \to \mathbb{R}^+$$

heißt das (durch $\mathbf{w}$ induzierte) Marktspiel.

(v^{m} kann durchaus noch von der Wahl der u^i abhängen, wir wollen diese jedoch bis auf weiteres als fest ansehen).

Es ist naheliegend, die Bezeichnungen

$$(2) \qquad \alpha_S^o = \{(x^i)_{i \in S} \mid \sum_{i \in S} x^i = \sum_{i \in S} a^i, \; x^i \in \mathbb{R}^{m+}\}$$

$$(3) \qquad \alpha_S = \{(x^i, \xi^i)_{i \in S} \mid (x^i)_{i \in S} \in \alpha^o, \; \sum_{i\,S} \xi^i = 0\}$$

einzuführen . Man sieht jetzt, das $v^{m}(S)$ den maximalen Gesamtnutzen von S darstellt unabhängig davon, ob man die Geldkomponente mit in Betracht zieht oder nicht. Es ist nämlich

$$(4) \qquad v^{m}(S) = \max \left\{ \sum_{i \in S} u^i(x^i) \mid (x^i)_{i \in S} \in \alpha_S^o \right\}$$

$$= \max \left\{ \sum_{i \in S} U^i(x^i, \xi^i) - \xi^i \mid (x^i)_{i \in S} \in \alpha_S^o, \; \sum_{i \in S} \xi^i = 0 \right\}$$

$$= \max \left\{ \sum_{i\,S} U^i(x^i, \xi^i) \mid (x^i, \xi^i)_{i \in S} \in \alpha_S \right\}$$

<u>Definition</u> 3.2. Sei m ein Markt mit transferierbarem Nutzen, der die Bedingungen von Satz 2.2 erfüllt, $(\bar{p}, \bar{X})$ ein Gleichgewicht. Der durch

$$(5) \qquad \mu_i^{m} = u^i(\bar{x}^i) - \overset{o}{p}(\bar{x}^i - a^i) \qquad (i \in \Omega)$$

gegebene Vektor $\mu^{m} = \mu^{m}(\bar{p})$ (bzw. die Mengenfunktion $\mu^{m} \in \mathcal{K}$) heißt die <u>Gleichgewichtsauszahlung</u> von m (bei $\bar{p}$).

μ^{m} hängt nur von $\bar{p}$ ab (Satz 2.2.) und ist eindeutig bestimmt, wenn m differenzierbare Nutzenfunktionen hat (Satz 2.1.) Wir werden häufig nur μ^{m} schreiben und annehmen, daß ein Gleichgewichtspreis $\bar{p}$ fixiert ist.

<u>Satz</u> 3.3. $\mu^{m} \in \mathcal{C}(v^{m})$.

Beweis. Es ist zunächst

$$\sum_{i \in \Omega} \mu_i^{m} = \sum_{i \in \Omega} (u^i(\bar{x}^i) - \overset{o}{p}(\bar{x}^i - a^i)) = \sum_{i \in \Omega} u^i(\bar{x}^i) = v^{m}(\Omega) .$$

Sei $S \in \underline{\underline{P}}$ beliebig und $(x^i)_{i \in S} \in \alpha_S^o$. Mit Hilfe von Satz 1.3 folgt

$$\sum_{i \in S} \mu_i^{m} = \sum_{i \in S} u^i(\bar{x}^i) - \overset{o}{p}(\bar{x}^i - a^i)$$

$$\geq \sum_{i \in S} u^i(x^i) - \overset{o}{p}(x^i - a^i) = \sum_{i \in S} u^i(x^i) \quad ,$$

also

$$\mu^{m}(S) \geq v^{m}(S) \;, \; \text{q.e.d.}$$

<u>Satz</u> 3.4. $v^{\mathcal{M}} \in \mathcal{S} \cap \mathcal{B}$.

Beweis. $v^{\mathcal{M}} \in \mathcal{B}$ folgt aus Satz 3.3 und §3,Satz 3.2. Superadditivität folgt aus

$$v^{\mathcal{M}}(S) + v^{\mathcal{M}}(T) = \max\{\sum_{i \in S} u^i(x^i) \mid (x^i) \in \mathcal{O}_S^0\} + \max\{\sum_{i \in T} u^i(x^i) \mid (x^i) \in \mathcal{O}_T^0\}$$

$$\leqslant \max\{\sum_{i \in S+T} u^i(x^i) \mid (x^i) \in \mathcal{O}_{S+T}^0\} = v^{\mathcal{M}}(S+T).$$

<u>Definition</u> 3.5. Eine Mengenfunktion $v: \underline{\underline{P}} \to \mathbb{R}^+$ heißt <u>totalbalanciert</u>, falls für jedes $\Omega_0 \subseteq \Omega$ ihre Restriktion $v: \underline{\underline{P}}(\Omega_0) \to \mathbb{R}^+$ balanciert ist.

<u>Corollar</u> 3.6. Ist $\mathcal{M}$ ein Markt mit transferierbarem Nutzen, so ist $v^{\mathcal{M}}$ totalbalanciert.

Denn offenbar ist für $\Omega_0 \subseteq \Omega$ auch

$$\mathcal{M}^0 = (\Omega_0, \mathbb{R}^{m+} \times \mathbb{R}, (\overset{\geq}{\underset{i}{}})_{i \in \Omega_0}, (a^i)_{i \in \Omega_0})$$

ein Markt mit transferierbarem Nutzen, der zudem die Eigenschaft hat, daß $v^{\mathcal{M}^0}$ gerade die Restriktion von $v^{\mathcal{M}}$ auf Ω_0 liefert.

In der Tat gilt nun auch die Umkehrung.

<u>Satz</u> 3.7. ($[SSH]_1$) Eine Mengenfunktion $v: \underline{\underline{P}} \to \mathbb{R}^+$ ist genau dann totalbalanciert, wenn es einen Markt $\mathcal{M}$ mit transferierbarem Nutzen gibt, derart daß $v = v^{\mathcal{M}}$ gilt.

Beweis. Wir haben nur noch eine Richtung zu zeigen. Dazu sei v beliebig totalbalanciert. Wir setzen $m = n$ und

(6) $\qquad a^i = e^i \qquad (i \in \Omega)$

sowie

(7) $\qquad u^i(x) = u(x) = \max\{\sum_{S \in \underline{\underline{P}}} c_S v(S) \mid c_S \geq 0, \sum_{S \in \underline{\underline{P}}} c_S 1_S = x\}$

(in (7) ist x als Punktfunktion auf Ω aufgefaßt, $x(i) = x_i$).
$\overset{\geq}{\underset{i}{}}$ sei die von u^i erzeugte Präferenzordnung. Wir werden zeigen, daß

$$\mathcal{M} = (\Omega, \mathbb{R}^{n+}, (\geq), A)$$

die Eigenschaft $v^{\mathcal{M}} = v$ hat.

Dazu ist zunächst nachzuweisen, daß $\mathcal{M}$ wirklich ein Markt mit den verlang ten Eigenschaften ist - also die Konkavität und Stetigkeit von u nachzuprüfen. Das geschieht in Punkt 1. und 2. des folgenden

Beweises. In Punkt 3. verifizieren wir dann $v^{\sim} = v$.

1. Stetigkeit.

Trivialerweise ist u bei 0 stetig. Sei $x \neq 0$ und $(c_S)_{S \in \underline{P} - \{\emptyset\}}$ eine Familie von Koeffizienten derart daß

$$(8) \qquad \sum c_S 1_S = x , \qquad \sum c_S v(S) = u(x)$$

gilt. Für beliebiges $\varepsilon > 0$ sei $\varepsilon' > 0$ so gewählt, daß

$$(9) \qquad \varepsilon' \sum_{S \in \underline{P}} v(S) < \varepsilon$$

gilt. Es sei ferner $I_0 = \{ i \in \Omega \mid x_i > 0 \} \neq \emptyset$ .Wir wählen nun $\delta > 0$, derart daß gilt

$$(10) \qquad \text{mit } \eta = \frac{\delta}{\min\limits_{I_0} x_i} < 1 \text{ ist } 2\eta \max_{\Omega} x_i + \delta \leqslant \varepsilon'.$$

Für beliebiges $y \in \mathbb{R}^{m+}$ mit

$$(11) \qquad |x - y| < \delta$$

gelten dann die folgenden Überlegungen. Es ist

$$(12) \qquad x_i - y_i < \delta = \eta \min_{I_0} x_j \leqslant \eta x_i \qquad (i \in I_0)$$

$$(1 - \eta)x_i \leqslant y_i \qquad\qquad (i \in \Omega) .$$

Setzt man daher

$$(13) \qquad c_S' = \begin{array}{ll} (1 - \eta)c_S + y_i - (1-\eta)x_i & (S = \{i\}) \\[2mm] (1 - \eta)c_S & \text{sonst} \end{array}$$

so folgt aus (12) $c_S' \geqslant 0$ und

$$\sum_{S \in \underline{P} - \{\emptyset\}} c_S' 1_S = (1 - \eta) \sum c_S 1_S + y - (1 - \eta)x$$

$$= (1 - \eta)x + y - (1 - \eta)x = y ,$$

das heißt, die Familie $(c_S')_{S \in \underline{P} - \{\emptyset\}}$ ist zur Konkurrenz bei der Bildung von u(y) zugelassen. Mithin gilt

$$(14) \qquad u(x) = \sum c_S v(S) \leqslant \sum c_S' v(S) + \sum |c_S - c_S'| v(S)$$

$$\leqslant u(y) + \sum |c_S - c_S'| v(S) .$$

Wegen (13) ist für passendes i :

$$|c_S - c_S'| \leqslant \eta c_S + |y_i - (1 - \eta)x_i|$$

$$\leqslant \eta \max_{I_o} x_i + |y_i - x_i| + \eta \max_{I_o} x_i$$

$$< 2\eta \max_{I_o} x_i + \delta < \varepsilon'$$

das heißt, (14) besagt auch

$$(15) \qquad u(x) \leqslant u(y) + \varepsilon .$$

Ist daher $y^k \in \mathbb{R}^{n+}$ (k=1,2,...) irgendeine Folge mit $y^k \to x$, so ist

$$(16) \qquad \liminf_{k \to \infty} u(y^k) \geqslant u(x) .$$

Andererseits sei für jedes k eine Familie (c_S^k) vorgegeben mit

$$\sum c_S^k 1_S = y^k , \qquad \sum c_S^k v(S) = u(y^k) .$$

Die c_S^k sind beschränkt; es sei $c_S^{k_1} \to \bar{c}_S$ für irgendeine Teilfolge (k_1), dann liefert

$$\sum \bar{c}_S 1_S = \lim_{1 \to \infty} \sum c_S^{k_1} 1_S = \lim_{1 \to \infty} y^{k_1} = x$$

die Beziehung

$$\lim_{1 \to \infty} u(y^{k_1}) = \lim_{1 \to \infty} \sum c_S^{k_1} v(S) = \sum \bar{c}_S v(S) \leqslant u(x) .$$

Daraus schließt man

$$\limsup_{k \to \infty} u(y^k) \leqslant u(x) ,$$

also, zusammen mit (16) , $\lim_{k \to \infty} u(y^k) = u(x)$. Folglich ist u stetig bei x.

2.Konkavität.

Es seien $x,y \in \mathbb{R}^{m+}$ und (c_S), (d_S) zwei Familien von Koeffizienten mit

$$\sum c_S 1_S = x, \quad \sum c_S v(S) = u(x),$$

$$\sum d_S 1_S = y, \quad \sum d_S v(S) = u(y).$$

Dann ist

$$\sum (c_S + d_S) 1_S = x + y,$$

also

$$u(x + y) \geqslant \sum (c_S + d_S) v(S)$$

$$(17) \qquad\qquad = u(x) + u(y)$$

Für $\alpha > 0$ ist sicher $u(\alpha x) = \alpha u(x)$; somit für $1 > \alpha > 0$:

$$\alpha u(x) + (1 - \alpha)u(y) = u(\alpha x) + u((1-\alpha)y) \leqslant u(\alpha x + (1 - \alpha)y)$$

wegen (17). Das ist die verlangte Konkavität von u.

Es bleibt zu zeigen, daß $v^{\mathcal{M}} = v$ richtig ist.

Da v total balanciert ist, gilt für festes $T \subseteq \Omega$ (I, $\S_3$, 3.1)

$$(18) \qquad \sum_{S \subseteq T} c_S v(S) \leqslant v(T),$$

falls $(c_S)_{S \subseteq T}$ eine Koeffizientenfamilie ist, die

$$\sum_{S \subseteq T} c_S 1_S = 1_T, \quad c_S \geqslant o$$

leistet. Für $c_S = 1 \ (S = T)$, $c_S = o\,(S \neq T)$, hat man offenbar Gleichheit in (18), also ist

$$(19) \qquad \max \left\{ \sum_{S \subseteq T} c_S v(S) \,\middle|\, c_S \geqslant o, \ \sum_{S \subseteq T} c_S 1_S = 1_T \right\} = v(T)$$

Andererseits ist

$$(20) \qquad v^{\mathcal{M}}(T) = \max \left\{ \sum_{i \in T} u^i(x^i) \,\middle|\, x \in \mathcal{O}_T^o \right\}$$

Nun sind aber sämtliche u^i identisch. Nach Satz 2.1. und Satz 2.3. wird das Maximum auf der rechten Seite gerade angenommen, wenn die Spieler aus T ihre Habe zusammenwerfen und gleichmäßig aufteilen. Wegen $a^i = e^i$ folgt also aus (20):

$$(21) \qquad v^{\mathcal{M}}(T) = \sum_{i \in T} u^i \left(\frac{1}{|T|} \sum_{i \in T} e^i\right) = u\left(\sum_{i \in T} e^i\right)$$

($u^i = u$ ist homogen!) Nach Definition von u ist aber

$$(22) \qquad v^{\mathcal{M}}(T) = \max\left\{ \sum c_S v(S) \,\middle|\, \sum_{S \in \underline{P} - \{\emptyset\}} c_S 1_S = \sum_{i \in T} e^i \right\}$$

Ist $\sum c_S 1_S = \sum_{i \in T} e^i = 1_T$, so müssen alle c_S mit $S \not\subseteq T$ verschwinden, also haben wir

$$v^{\mathcal{M}}(T) = \max\left\{ \sum c_S v(S) \,\middle|\, \sum_{S \subseteq T} c_S 1_S = 1_T \right\} = v(T) \qquad \text{nach (19)},$$

$$\text{q.e.d.}$$

Bemerkung. Es ist offenbar, daß verschiedene $\mathcal{M}$ zu dem gleichen $v^{\mathcal{M}}$ führen können. Bezeichnet man den durch (6) und (7) definierten Markt mit $\mathcal{M}_v$, so ist nach dem eben gezeigten Satz

$$v^{\mathcal{M}_v} = v \,,$$

nicht aber

$$ \text{м}_{\text{v}}\text{м} = \text{м} $$

m. a. W. beim Übergang von м zu $v^{\text{м}}$ geht eben zu viel Information ver-
loren: die Spieltheorie ist gröber als die Theorie der Märkte. Man
macht sich nun klar, welche Struktur erhalten bleibt, wenn man м_{v}
etwas interpretiert: in diesem Markt startet jeder Spieler $i \in \Omega$ mit e^i,
also mit einer Einheit eines persönlichen Gutes,   seiner Arbeitskraft, Information oder schlicht seiner selbst.

Wenn alle Spieler an einer Koalition in diesem Markt teilnehmen, so
ist der Gewinn der Koalition vernünftigerweise mit $v(S)$ anzusetzen.
Nimmt jeder Spieler $i \in S$ nur mit einem Bruchteil c_S "seiner selbst"
(seiner Arbeitskraft, seiner Ware i) an S teil, so gewinnt S etwa
$c_S v(S)$.
Ist $x \leqq e$ irgendein Element von $\mathbb{R}^+$, so ist durch $\Sigma c_S 1_S = x$ eine Verteilung der Arbeitskraft eines jeden i repräsentiert derart, daß die
gesamte eingesetzte Arbeitskraft gerade durch x repräsentiert wird.
$u(x)$ ist daher der unter diesen Bedingungen erreichbare Gewinn.

4.)   Es sei м der in §5,5.), (5) definierte Markt. Dann ist
===
$$ v^{\text{м}}(S) = \max_{x} \{ \sum_{i \in S} u^i(x^i) \mid x^i \geqq o \;\; \sum_{i \in S} x^i = (|S \cap L|, |S \cap R|) \} $$

(1)
$$ = u(\sum_{i \in S} a^i) = \min(|S \cap L|, |S \cap R|), $$

also in der Tat das "Handschuhspiel" aus §1, 2.) Setzt man für
$|L| < |R|$

$$ \bar{x}^i = \frac{1}{n} \sum_{i \in \Omega} a^i = \frac{1}{n}(|L|, |R|) $$

(2)
$$ \underline{p} = (1,0), $$

so erhält man ein Gleichgewicht; es ist für $y \in \mathbb{R}^{2+}$

$$ u(\bar{x}^i) - \underline{p}(\bar{x}^i - a^i) = \frac{|L|}{n} - (\frac{|L|}{n} - a_1^i) $$

(3)
$$ = a_1^i $$

$$ \geqq \min(y_1, y_2) - (y_1 - a_1^i) $$

$$ = u(y) - \underline{p}(y - a^i) $$

und daher auch insbesondere

$$(4) \qquad \mu_i^m = a_1^i = \begin{cases} 1 & i \in L \\ 0 & i \in R \end{cases}$$

Man kann zeigen, daß $\overset{\Omega}{p}$ eindeutig bestimmt ist, nicht aber $\bar{X}$. Z.B. ist auch $(\overset{\Omega}{p}, \hat{X})$ mit

$$\hat{x}^i = \begin{cases} (1,1) & i \in L \\ (0,0) & i \in R_o \subseteq R, \ |R_o| = |L| \\ (0,1) & i \in R - R_o \end{cases}$$

ein Gleichgewicht.

Natürlich ist $\mu^m \in \mathcal{C}(v^m)$. Es sei $m \in \mathcal{C}(v^m)$ beliebig. Gilt $m_i < 1$ für ein $i \in L$, so wählt man $i_o \in L$ derart, daß

$$m_{i_o} = \min_{i \in L} m_i < 1$$

und $j_o \in R$ so, daß

$$m_{j_o} = \min_{j \in R} m_j$$

richtig ist. Dann ist auch

$$(5) \qquad m_{i_o} + m_{j_o} < 1 ,$$

weil anderenfalls

$$\sum_{\Omega} m_i > |L| = v^m(\Omega)$$

nicht zu $m \in \mathcal{C}(v^m)$ passen würde. (5) besagt aber

$$m(\{i_o, j_o\}) < 1 = v(\{i_o, j_o\})$$

und mithin ist $m_i \geq 1$ $(i \in L)$. Daraus folgt bereits $m = \mu^m$; also

$$(6) \qquad \mathcal{C}(v^m) = \{\mu^m\}.$$

Core- und Gleichgewichtsauszahlung stimmen also überein; beide reagieren extrem empfindlich auf das Überangebot im Fall $|L| < |R|$.

Untersuchen wir nun noch kurz das Verhalten des Shapley-Wertes. Man kann mit einiger Mühe verifizieren, daß

$$\Phi_i = \frac{1}{2} - \frac{r-1}{2r} \sum_{k=0}^{1} \frac{r! \, 1!}{(r+k)!(1-k)!} \qquad i \in R$$

$$(7)$$

$$\Phi_i = \frac{1}{2} - \frac{r-1}{21} \sum_{k=0}^{1} \frac{r! \, 1!}{(r+k)!(1-k)!} \qquad i \in L$$

gilt. $([S]_5)$ Die durch das Überangebot benachteiligte Seite R des Marktes wird also etwas besser behandelt. Tabellen für gewisse Werte von $|R|$ und $|L|$ liefern folgende graphische Darstellungen:

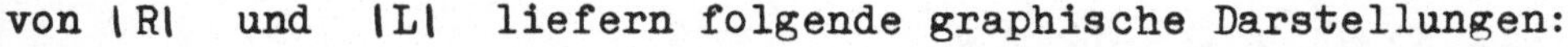

Es hat den Anschein, als konvergiere für große **n**der Shapley Wert gegen Core und Gleichgewicht; dies läßt sich tatsächlich aus (7) heraus nachweisen, wenn $^{|R|}/_{|L|}$ konstant bleibt. Wir werden aber bald sehen, daß ein allgemeiner Sachverhalt dahintersteckt.

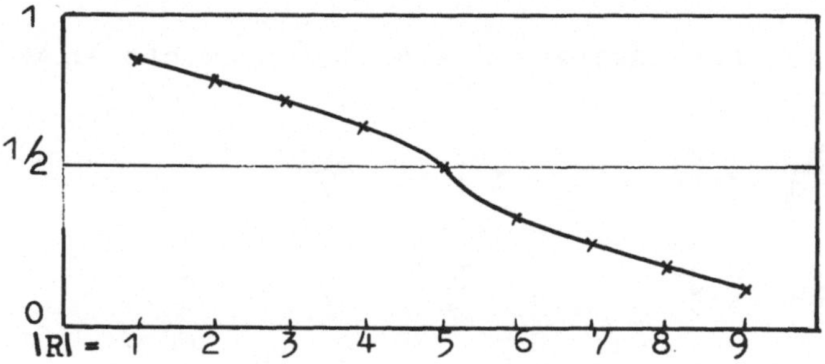

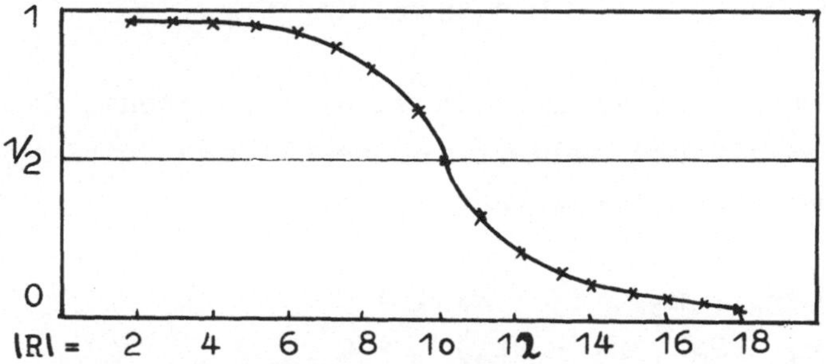

Beim "Gin und Tonic".Beispiel liegen die Verhältnisse etwas anders: Betrachten wir den in § 5, 5.2 (9), (10) angeschriebenen Markt. Wir haben schon gesehen, daß ohne transferierbaren Nutzen für ungerades n kein Gleichgewicht existiert. Indessen kann man diese Pathologie durch Adjunktion einer Geldkomponente beheben. Es sei nämlich:

$$U(x_1, x_2, \zeta) = u(x_1, x_2) + \zeta$$

(9)
$$= \max\,(\min(2x_1, x_2),\ \min(x_1, 2x_2)) + \zeta$$

$$\succsim_i = \succsim = \succsim_{(U)} \qquad (i \in \Omega)$$

$$a^i = (\tfrac{1}{2}, \tfrac{1}{2}) \qquad (i \in \Omega)$$

$$\mathcal{M} = (\Omega, \mathbb{R}^{2+} \times \mathbb{R} , (\gtrsim), A)$$

Dann existiert auch für ungerade n ein Gleichgewicht in $\mathcal{M}$.
Es sei für $n \geqslant 3$

$$\bar{x}^i = \frac{n}{n-1} \left(\tfrac{1}{3}, \tfrac{2}{3}\right) \qquad i = 1, \ldots, \frac{n-1}{2}$$

$$\bar{x}^i = \frac{n}{n-1} \left(\tfrac{2}{3}, \tfrac{1}{3}\right) \qquad i = \frac{n-1}{2} + 1, \ldots, n-1$$

$$\bar{x}^n = (0,0) \qquad \overset{o}{p} = \left(\tfrac{2}{3}, \tfrac{2}{3}\right)$$

$\bar{X}$ ist eine zulässige Verteilung, die dadurch entsteht, daß Spieler n
seinen Anteil verkauft und dadurch den restlichen Spielern gleiche,
optimal gemischte Drinks ermöglicht.
Wegen

$$\min \left(2(2x_1 - x_2), \; x_2 - 2x_1\right) \leqslant 0$$
$$\min \left(4x_1 - 2x_2, \; x_2 - 2x_1\right) \leqslant 0$$
$$\min \left(6x_1, \; 3x_2\right) \leqslant 2x_1 + 2x_2$$
$$\min \left(2x_1, \; x_2\right) \leqslant \tfrac{2}{3}(x_1 + x_2)$$

gilt aus Symmetriegründen:

$$u(x_1, x_2) = \max \left(\min(2x_1, x_2), \; \min(x_1, 2x_2)\right) \leqslant \tfrac{2}{3}(x_1 + x_2),$$

d.h.,

$$u(\bar{x}^i) - u(x) - \overset{o}{p}(\bar{x}^i - x)$$

(10)

$$= \frac{n}{n-1} \tfrac{2}{3} - u(x) - \tfrac{2}{3}\left(\frac{n}{n-1} - (x_1 + x_2)\right)$$

$$= \tfrac{2}{3}(x_1 + x_2) - u(x) \geqslant 0 \quad (i = 1, \ldots, n-1)$$

und

$$u(\bar{x}^n) - u(x) - \overset{o}{p}(\bar{x}^i - x)$$

(11)

$$= 0 - u(x) - \tfrac{2}{3}(0 - (x_1 + x_2))$$

$$= \tfrac{2}{3}(x_1 + x_2) - u(x) \geqslant 0$$

(10) und (11) lehren, daß $(\bar{p}, \bar{X})$ in der Tat ein Gleichgewicht darstellt.
Für die Gleichgewichtsauszahlung erhält man:

(12)
$$u(\bar{x}^i) - \overset{o}{p}(\bar{x}^i - a^i)$$

$$= \tfrac{2}{3} \frac{n}{n-1} - \tfrac{2}{3}\left(\frac{n}{n-1} - 1\right) = \tfrac{2}{3} \quad (i = 1, \ldots, n-1)$$

$$u(\bar{x}^n) - \overset{o}{p}(\bar{x}^n - a^n) = \overset{o}{p}a^n = \tfrac{2}{3}$$

also

$$(13) \qquad \mu^m = \frac{2}{3} e$$

Für gerade n kann man ein Gleichgewicht natürlich noch leichter aufstellen, stets gilt aber (13).

Wir bestimmen nun:

$$(14) \qquad v^m(S) = \max \left\{ \sum_{i \in S} u(x^i) \mid x^i \geq o, \sum_{i \in S} x^i = \left(\frac{|S|}{2}, \frac{|S|}{2}\right) \right\}$$

Sicher ist $v^m(\{i\}) = \frac{1}{2}$. Für $|S| \geq 2$ überlegt man sich, daß das Maximum in (14) genau dann erreicht wird, wenn alle x^i Vielfache von $(\frac{1}{3},\frac{2}{3})$ oder $(\frac{2}{3},\frac{1}{3})$ sind, etwa:

$$x^i = t_i \left(\frac{2}{3},\frac{1}{3}\right) \qquad i \in I \subseteq S$$

$$x^i = t_i \left(\frac{1}{3},\frac{2}{3}\right) \qquad i \in S - I$$

Aus

$$\left(\frac{|S|}{2},\frac{|S|}{2}\right) = \sum_{S} x^i = \left(\frac{2}{3},\frac{1}{3}\right) \sum_{I} t_i + \left(\frac{1}{3},\frac{2}{3}\right) \sum_{S-I} t_i$$

folgt

$$\sum_{I} t_i = \sum_{S-I} t_i = \frac{|S|}{2}$$

und

$$\sum_{S} u(x^i) = \frac{2}{3}\left(\sum_{I} t_i + \sum_{S-I} t_i\right) = \frac{2}{3} |S|$$

Mithin ist

$$(15) \qquad v^m(S) = \begin{cases} \frac{1}{2} & |S| = 1 \\ \frac{2}{3} |S| & |S| > 1 \end{cases}$$

Aus Symmetriegründen gilt für den Shapley Wert dieses Spieles

$$\Phi_i^{v^m} = \frac{1}{n} v^m(\Omega) = \frac{1}{n} \frac{2}{3} |\Omega| = \frac{2}{3}$$

$$(16)$$

$$\Phi^{v^m} = \mu^m$$

Auch das Core läßt sich leicht bestimmen. Für $n = |2|$ ist

$$C = \left\{ x \mid x_1 + x_2 = \frac{4}{3}, \ x_1 \geq \frac{1}{2}, \ x_2 \geq \frac{1}{2} \right\}$$

Für n $\geq$ 3 leistet jedes $\mu \in \mathcal{C}$.

$$v(\Omega) - \mu_i = \mu(\Omega) - \mu_i = \mu(\Omega - \{i\})$$

$$\geq \frac{2}{3}|\Omega - \{i\}| = \frac{2}{3}|\Omega| - \frac{2}{3}$$

also $\mu_i \leq \frac{2}{3}$.

Aus

$$\mu(\Omega) = \sum_\Omega \mu_i \leq n \frac{2}{3} = v(\Omega) = \mu(\Omega)$$

folgt dann auch $\mu_i = \frac{2}{3}$, mithin haben wir gezeigt

$$\mathcal{C} = \{\mu^{\prime\prime\prime}\} = \{\phi^{v^{\prime\prime\prime}}\} .$$

Kapitel II

Grenzwertsätze

Wir haben im vorhergehenden Kapitel Märkte spieltheoretisch interpre-
tiert und gesehen, daß die Gleichgewichtsauszahlung im Core liegt.
Dabei waren wesentliche Annahmen zu machen, u.a. die Konvexität der
Präferenzordnungen. Im allgemeinen wird das Core auch noch andere
Punkte enthalten. Ob der Shapley Wert im Markt eine vernünftige Rolle
spielen kann, ist ebenfalls ungeklärt.

Wir haben die folgenden allgemeinen Aussagen im Sinne: in großen
Märkten kann man auf die Konvexität der Präferenzordnungen unter gewissen Umständen verzichten, mitunter fallen Wert, Core und Gleichgewicht zusammen.

Diese Aussage in verschiedener Weise zu präzisieren, ist unser weiteres Ziel.

§ 1 Wert und Gleichgewicht

1.) Wir werden zunächst ein Modell betrachten, in dem der Shapley
=== Wert gegen die Gleichgewichtsauszahlung konvergiert.

<u>Definition</u> 1.1. Sei $\mathfrak{m} = (\Omega, \mathbb{R}^{m+} \times \mathbb{R}, (\succeq), A)$ ein Markt mit transferierba-
rem Nutzen. Für jedes natürliche k sei:

$$\Omega^k = \{1, \dots, nk\}$$

$$(1) \qquad (\succeq)^k = (\succeq_l)^k_{l \in \Omega^k} \quad \text{mit } \succeq_l = \succeq_i \text{ für } l \equiv i \pmod{n}$$

$$u^{k,l} = u^i \quad \text{für } l \equiv i \pmod{n}$$

$$A^k = (a^l)^k_{l \in \Omega^k} \quad \text{mit } a^l = a^i \text{ für } l \equiv i \pmod{n}$$

Dann heißt

$$\mathfrak{m}^k = (\Omega^K, \mathbb{R}^{m+} \times \mathbb{R}, (\succeq), A^k)$$

die <u>k-fache Replikation</u> von $\mathfrak{m}$.

Wir stellen uns vor, daß in $\mathcal{m}^k$ jeweils k Spieler "vom gleichen Typus" vertreten sind: die Spieler i, i+n,..., i + (k-1)n haben gleiche Anfangsverteilungen und Präferenzen.

Es ist sinnvoll, für $X \in \mathcal{O}^0$ die <u>k-fache Replikation</u> X^k von X durch

$$(2) \qquad X^k = (x^l)^k_{l \in \Omega^k} \quad \text{mit } x^l = x^i \text{ für } l \equiv i \ (\text{mod } n)$$

einzuführen. A^k ist z.B. die k-fache Replikation von A. Entsprechend kann man für jedes $x \in R^n$ die <u>k-fache Replikation</u> x^k von x definieren:

$$(3) \qquad x^k_l = x_i \quad \text{für } l \equiv i \ (\text{mod } n)$$

Wir haben gesehen, daß Märkte, die den Voraussetzungen von Satz 2.1. (I.,§6) genügen, eindeutige Gleichgewichtspreise $\bar{p}$ und Gleichgewichtsauszahlungen besitzen. Nun ist mit $\mathcal{m}$ auch jedes $\mathcal{m}^k$ ein Markt, der diese Voraussetzungen erfüllt. Es gilt der

<u>Satz</u> 1.2. Es sei $\mathcal{m}$ ein Markt mit transferierbarem Nutzen , der den Voraussetzungen von Satz 2.1(I.,§ 6) genügt, $\bar{p}$ sein Gleichgewichtspreis, $\bar{X}$ eine Gleichgewichtsverteilung und $\mu^{\mathcal{m}}$ die Gleichgewichtsauszahlung.

Dann gilt:

$$(4) \qquad \begin{aligned} &1) \ v^{\mathcal{m}^k}(\Omega^k) = k v^{\mathcal{m}}(\Omega) \\ &2) \ (\bar{p}, \bar{X}^k) \text{ ist Gleichgewicht von } \mathcal{m}^k \\ &3) \ \mu^{\mathcal{m}^k} = (\mu^{\mathcal{m}})^k \end{aligned}$$

Beweis. Es gilt

$$(5) \qquad \begin{aligned} v^{\mathcal{m}^k}(\Omega^k) &= \max\Big\{ \sum_{l=1}^{nk} u^{k,l}(x^l) \ \Big| \ \sum_{l=1}^{nk} x^l = \sum_{l=1}^{nk} a^l \Big\} \\ &= \max\Big\{ \sum_{i=1}^{n} \sum_{r=0}^{k-1} u^i(x^{rn+i}) \ \Big| \ \sum_{l=1}^{nk} x^l = k \sum_{i=1}^{n} a^i \Big\} \end{aligned}$$

Wegen

$$\frac{1}{k} \sum_{r=0}^{k-1} u^i(x^{rn+i}) \leq u^i\Big(\frac{1}{k} \sum_{r=0}^{k-1} x^{rn+i}\Big)$$

folgt

$$v^{\mathcal{m}^k}(\Omega^k) \leq k \max\Big\{ \sum_{i=1}^{n} u^i\Big(\frac{1}{k} \sum_{r=0}^{k-1} x^{rn+i}\Big) \ \Big| \ \sum_{l=1}^{nk} x^l = k \sum_{i \in \Omega} a^i \Big\}$$

(6) $\qquad = k \max \{ \sum_{i=1}^{n} u^i(x^i) \mid X \in \alpha^o \}$

$\qquad\qquad = k\, v^{m}(\Omega).$

Andererseits sieht man , daß für $X = \bar{X}$ sich das Gleichheitszeichen durch (5) und (6) hindurchziehen läßt :

$$v^{m^k}(\Omega^k) = \sum_{l=1}^{nk} u^{k,l}(\bar{x}^l) = k \sum_{i=1}^{n} u^i(\bar{x}^i) = k\, v^{m}(\Omega) \ .$$

$\bar{X}^k$ ist also eine Verteilung , die den Gesamtnutzen maximiert. Daraus folgt jetzt der Satz nach Inspektion des Beweises von Satz   2.1(I,§ 6)

Intuitiv bedeutet Satz 1.2, daß die Spieler gleichen Typs nichts besseres tun können, als ihr Vermögen zusammenzulegen und danach in gleiche Teile aufzuschlüsseln. Man vergleiche auch Satz 2.3 (I.§6)

2.) Wenden wir uns nun dem Shapley Wert des Spieles v^{m^k} zu. Definiert man für $s \in R^{n+}$ die Funktion $f: R^{n+} \to R^+$ durch

(1) $\qquad f(s) = \max \{ \sum_{i=1}^{n} s_i\, u^i(x^i) \mid x^i \in R^{m+}, \sum_{i \in \Omega} s_i x^i = \sum_{i \in \Omega} s_i a^i \}$

so ist leicht zu sehen daß

(2) $\qquad v^{m^k}(S) = f(|S_1|,\ldots,|S_n|)$

mit $S_i = \{ l \in S \mid l \equiv i \ (\mathrm{mod}\ n) \}$. Wir setzen noch

$\qquad \Omega_i^k = \{ i, i+n, \ldots, i+(k-1)n \}$

für die Menge der Spieler vom Typ i, λ_i sei die Gleichverteilung auf Ω_i^k. Dann ist

(3) $\qquad v^{m^k}(S) = f(|S \cap \Omega_1|,\ldots,|S \cap \Omega_n|) = f(k\lambda_1(S),\ldots,k\lambda_n(S)) \ .$

Die Funktion f hat nun die angenehme Eigenschaft (positiv) <u>homogen</u> zu sein, d.h., es ist

(4) $\qquad f(ts) = tf(s) \qquad\qquad (t \in R^+, s \in R^{n+})$

wie man sofort verifiziert. Daher folgt aus (3)

(5) $\qquad v^{m^k}(S) = kf(\lambda_1(S),\ldots,\lambda_n(S)).$

M.a.W.: v^{m^k} ist eine Mengenfunktion, die aus den n Maßen $\lambda_1,\ldots,\lambda_n \in \mathcal{A}$

durch Komposition mit einer Funktion f von n Variablen entsteht, v^{m^k} ist "ma̱ß̱e̱ṟẕe̱u̱g̱ṯ" . Solche Mengenfunktionen werden wir noch öfter betrachten.

Nach Satz 2.1(I,§4) berechnen wir nun den Shapley Wert Φ_1^k des Spielers $1 \in \Omega^k$ im Spiel v^{m^k}. Weil nach I,§4,2̱.̱)̱ ,Axiom A_3 jeder Spieler in Ω_i^k den gleichen Wert zugeteilt erhält ist $\Phi_1^k = \Phi_i^k$ $(1 \in \Omega_i^k)$. Für $1 \in \Omega_i^k$ ist

$$(6) \qquad \Phi_i^k = \sum_{\substack{S \subseteq \Omega^k \\ S \ni 1}} \frac{(nk-\sigma)!\,(\sigma-1)!}{(nk)!} \; (v^{m^k}(S) - v^{m^k}(S-\{1\})) \qquad (\sigma = |S|)$$

$$= \sum_{\substack{S \in \Omega^k \\ S\;1}} \frac{(nk-\sigma)!\,(\sigma-1)!}{(nk)!} \; (f(k\lambda(S)) - f(k\lambda(S-\{i\})))$$

$$= \frac{1}{nk} \sum_{\sigma=1}^{nk} \sum_{\substack{S \subseteq \Omega^k-\{1\} \\ |S|\;=\sigma-1}} \frac{1}{\binom{nk-1}{\sigma-1}} \; (f(k\lambda(S)+e^i) - f(k(\lambda S)))$$

Es liegt nun nahe, in den letzten Ausdruck eine partielle Ableitung von f einzuführen, falls eine existiert. Der folgende Satz zeigt nicht nur die Existenz dieser Ableitung sondern sofort auch ihren Zusammenhang mit der Gleichgewichtsauszahlung.

S̱a̱ṯẕ 2.1.($[S]_6$). Die durch (1) definierte Funktion $f: R^{n+} \to R^+$ hat folgende Eigenschaften:

1. f ist (positiv) homogen und konkav.
2. Für jedes $s > 0$ besitzt f stetige partielle Ableitungen, d.h. f ist differenzierbar.
3. Ist $s > 0$, $X = (x^i)_{i \in \Omega}$ derart, daß

$$x^i \in R^{m+}\,(i \in \Omega), \quad f(s) = \sum_{i \in \Omega} s_i u^i(x^i), \quad \sum_i s_i x^i = \sum_i s_i a^i \,,$$

und ist für jedes $j = 1,\ldots,m$ ein $i(j) \in \Omega$ gewählt mit $x_j^{i(j)} > 0$, so gilt

$$(7) \qquad \frac{\partial f}{\partial s_i}(s) = u^i(x^i) - \sum_{j=1}^m (x_j^i - a_j^i) \frac{\partial u^{i(j)}}{\partial x_j}(x^{i(j)})$$

4. Insbesondere ist also

$$\frac{\partial f}{\partial s_i}(1,\ldots,1) = u^i(\bar{x}^i) - \overset{o}{p}(\bar{x}^i - a^i) = \mu_i^m$$

für jedes Gleichgewicht $(\bar{X},\bar{p})$ von m.

Man beachte erneut, daß wegen $\sum_i a^i > 0$ das unter Punkt 3. erwähnte $i(j)$ für jedes j existiert.

Beweis. Seien $s^1, s^2 \in R^{n+}$ sowie $X = (x^i)_{i \in \Omega}$, $Y = (y^i)_{i \in \Omega}$ Familien von Vektoren in R^{n+} mit

$$\sum_{i \in \Omega} s_i^1 x^i = \sum_{i \in \Omega} s_i^1 a^i \ , \quad \sum_{i \in \Omega} s_i^2 y^i = \sum_{i \in \Omega} s_i^2 a^i$$

$$f(s^1) = \sum_i s_i^1 u^i(x^i) \ , \quad f(s^2) = \sum_i s_i^2 u^i(y^i) \ .$$

Dann gilt

$$(9) \qquad f(s^1) + f(s^2) = \sum_{i \in \Omega} (s_i^1 u^i(x^i) + s_i^2 u^i(y^i)$$

$$\leqslant \sum_{s_i^1 + s_i^2 \, 0} (s_i^1 + s_i^2) u^i \left(\frac{s_i^1 x^i + s_i^2 y^i}{s_i^1 + s_i^2} \right)$$

$$= \sum_{i \in \Omega} (s_i^1 + s_i^2)(z^i)$$

$$\leqslant \max \left\{ \sum_{i \in \Omega} (s_i^1 + s_i^2) u^i(x'^i) \mid x'^i \in R^{m+} \ , \ \sum_{i \in \Omega} s_i x'^i = \sum_{i \in \Omega} s_i a^i \right\}$$

$$= f(s^1 + s^2) \ ,$$

sowie

$$(10) \qquad f(ts^1 + (1-t)s^2) \geqslant f(ts^1) + f((1-t)s^2) = tf(s^1) + (1-t)f(s^2)$$

$$(0 < t < 1) \ ,$$

d.h., f ist konkav.

2. Für die Differenzierbarkeit von f genügt es, folgendes nachzuweisen: für festes $s \in R^{n+}$ existiert eine Funktion g, die in einer Umgebung von s erklärt ist, dort differenzierbar ist, mit f bei s übereinstimmt und in besagter Umgebung von f majorisiert wird. (Konkavität von f sichert dann Differenzierbarkeit von f). Dazu sei $s > 0$, $\bar{x}^i \in R^{m+}$ so daß

$$\sum_{i \in \Omega} s_i \bar{x}^i = \sum_{i \in \Omega} s_i a^i \ , \quad f(s) = \sum_{i \in \Omega} s_i u^i(\bar{x}^i)$$

gilt.

Für $t \in R^{n+}, t > 0$, sei

$$(11) \qquad x_j^i(t) = \bar{x}_j^i - \delta_{ii(j)} \frac{\sum_{i \in \Omega} t_i(\bar{x}_j^i - a_j^i)}{t_{i(j)}}$$

Wir zeigen zunächst:

(12)   Es existiert ein $\varepsilon > 0$, so daß für $|t - s| < \varepsilon$ stets
$x^i(t) \geqslant 0, \sum_{i \in \Omega} t_i x^i(t) = \sum_{i \in \Omega} t_i a^i$ gilt.

In der Tat ist

$$\sum_{i \in \Omega} t_i x_j^i(t) = \sum_{i \neq i(j)} t_i \bar{x}_j^i + t_{i(j)} \left(\bar{x}_j^{i(j)} - \frac{\sum_{i \in \Omega} t_i (\bar{x}_j^i - a_j^i)}{t_{i(j)}} \right)$$

(13)

$$= \sum_{i \neq i(j)} t_i \bar{x}_j^i + t_{i(j)} \bar{x}_j^{i(j)} - \sum_{i \in \Omega} t_i \bar{x}_j^i + \sum_{i \in \Omega} t_i a_j^i$$

$$= \sum_{i \in \Omega} t_i a_j^i$$

Darüberhinaus sieht man aus (11), daß $x_j^i(t)$ stetig ist und $x_j^i(t) \geqslant 0$
für $i \neq i(j)$. Für $i = i(j)$ ist $\bar{x}_j^i > 0$. Aus

(15) $x_j^i(s) = \bar{x}_j^i$

folgt daher auch $x_j^i(t) > 0$ für $i = i(j)$ und hinreichend nahe bei s
gelegene t. Damit haben wir (12) gezeigt.

(12) besagt aber, daß für t nahe bei s die Familie $(x^i(t))_{i \in \Omega}$ zur
Konkurrenz bei der Bildung von $f(t)$ zugelassen ist; also

(16) $f(t) \geqslant \sum_{i \in \Omega} t_i u^i(x^i(t))$ $(|t - s| < \varepsilon)$

und wegen (15)

$$f(s) = \sum_{i \in \Omega} s_i u^i(x^i(s))$$

Die Funktion

(17) $g(t) = \sum_{i \in \Omega} t_i u^i(x^i(t))$ $(|t - s| < \varepsilon)$

leistet daher das Gewünschte.

3. Sei $s > 0$ erneut fixiert. f und g haben nach Konstruktion in s genau
die gleichen Ableitungen, wir berechnen also diejenigen von g.

Nun ist z.B. (für $|t - s| < \varepsilon$)

(18) $\dfrac{\partial g}{\partial t_1}(t) = u^1(x^1(t)) + \sum_{i \in \Omega} t_i \sum_{j=1}^{m} \dfrac{\partial u^i}{\partial x_j}(x^i(t)) \dfrac{\partial x_j^i}{\partial t_1}(t)$.

Wir berechnen also

$$\frac{\delta x_j^i}{\delta t_1}(t) = -\delta_{ii(j)} \frac{\delta}{\delta t_1} \sum_{i\in\Omega} \frac{t_i(\bar{x}_j^i - a_j^i)}{t_{i(j)}}$$

(19)

$$= -\delta_{ii(j)}\left(-\delta_{1i(j)} \sum_{i=2} \frac{t_i(\bar{x}_j^i - a_j^i)}{t_1^2} + (1 - \delta_{1i(j)})\frac{\bar{x}_j^1 - a_j^1}{t_{i(j)}}\right)$$

$$= -\delta_{ii(j)}\left(\frac{\bar{x}_j^1 - a_j^1}{t_{i(j)}} - \delta_{1i(j)}\left(\frac{t_{i(j)}(\bar{x}_j^1 - a_j^1)}{t_{i(j)}^2}\right.\right.$$

$$\left.\left. + \sum_{i=2}^{n} \frac{t_i(\bar{x}_j^i - a_j^i)}{t_1^2}\right)\right)$$

$$= -\delta_{ii(j)}\left(\frac{\bar{x}_j^1 - a_j^1}{t_{i(j)}} - \delta_{1i(j)} \sum_{i\in\Omega} \frac{t_i(\bar{x}_j^i - a_j^i)}{t_{i(j)}^2}\right)$$

$$= -\delta_{ii(j)} \frac{x_j^1(t) - a_j^1}{t_{i(j)}}$$

(18) und (19) ergeben

$$(20) \qquad \frac{\delta g}{\delta t_1}(t) = u^1(x^1(t)) + \sum_{i\in\Omega} t_i \sum_{j=1}^{m} \frac{\delta u^i}{\delta x_j}(x^i(t))\cdot\left(-\delta_{ii(j)}\frac{x_j^1(t) - a_j^1}{t_{i(j)}}\right)$$

$$= u^1(x^1(t) - \sum_{j=1}^{m} \frac{\delta u^{i(j)}}{\delta x_j}(x^{i(j)}(t))\,)\,(x_j^1(t) - a_j^1)$$

Für t = s ist das gerade die Behauptung des Satzes. q. e. d.

Der weitere Verlauf unserer Überlegungen ist nun klar vorgezeichnet:
Da f homogen ist, gilt für $\varrho\in\mathbb{R}$, $\varrho > 0$

$$(21) \qquad \frac{\delta f}{\delta t_i}(\varrho e) = \frac{\delta f}{\delta t_i}(e) = \mu_i^m$$

Für alle Koalitionen $S \subseteq \Omega^k$, die von jedem Typ "ungefähr" gleich viele
Spieler besitzen, wird in der letzten Zeile von (6) daher "ungefähr"
μ_i^m auftreten. Wenn man zeigen kann, daß diese Art von Koalition stark
überwiegt (mit wachsendem k), so kann man erwarten, daß $\Phi_i^k \to \mu_i^m$ gilt.

3.) Die Tatsache, daß bei wachsendem k fast alle Koalitionen gleich
=== viele Spieler von jedem Typ besitzen, läßt sich leicht intuitiv

einsehen. Bei hinreichender Größe von S wähle man durch einen zufälligen Prozeß die Spieler $1 \in S$ aus $\Omega^1, \ldots, \Omega^n$.

Bekanntlich macht es für große S approximativ nichts aus, ob man die Spieler "mit oder ohne Zurücklegen" auswählt. Bei "Ziehen und Zurücklegen" ist der Erwartungswert der Anzahl der Spieler in S für jeden Typ gleich. Da wir uns nur für $\lambda(S)$, d.h., die relative Anzahl der Spieler interessieren, sichert ein Gesetz der großen Zahlen das Verlangte.

Um diese Idee zu präzisieren, führen wir einige Begriffe der Wahrscheinlichkeitstheorie ein und behandeln sie in etwas allgemeinerem Rahmen.

Es sei vorgegeben

(1) n reelle Zahlen $a_1, \ldots, a_n$; $a_i > 0$

(2) für jedes natürliche $m = 1, 2, \ldots$ eine endliche Menge N^m natürlicher Zahlen mit $|N^m| = n_m - 1 \to \infty \, (m \to \infty)$

(3) für jedes natürliche $m = 1, 2, \ldots$ eine Familie reeller Zahlen

$$\alpha_{ij}^m \geq 0 \qquad (J \in N^m, \, i = 1, \ldots, n)$$

derart, daß

$$a_i^m = \sum_{j \in N^m} \alpha_{ij}^m \leq a_i \quad (i = 1, \ldots, n)$$

und

$$\max_{j \in N^m} \alpha_{ij}^m \to 0 \quad (m \to \infty, \, i = 1, \ldots, n)$$

gilt.

In diesem Rahmen betrachten wir die Menge

(4) $$\underline{\underline{P}}_m^{\sigma-1} = \{ S \mid S \subseteq N^m, \, |S| = \sigma - 1 \}$$

für fixiertes σ und $n_m \geq \sigma$. Auf $\underline{\underline{P}}_m^{\sigma-1}$ definieren wir eine Wahrscheinlichkeitsverteilung P vermöge

(5) $$P(\{S\}) = \frac{1}{\binom{n_m - 1}{\sigma - 1}} \quad (S \in \underline{\underline{P}}_m^{\sigma-1})$$

sowie zufällige Variable

$$X_i^m(S) = \sum_{j \in S} \alpha_{ij}^m$$

Der folgende Satz ist ein schwaches Gesetz der großen Zahlen und präzisiert unsere Vorbemerkungen.

__Satz__ 3.1. $([K]_1)$ Für jedes $\delta > 0$ existiert ein $M = M(\delta)$ derart daß aus

$$m \geqq M \text{ stets}$$

$$(6) \qquad P\left(\,\left|X_i^m - \frac{\sigma-1}{n_m-1}\, a_i^m\right| \geqq \delta\,\right) \leqq \delta$$

folgt (simultan für alle $\sigma \leqq n_m$).

Beweis. Die zufällige Variable X_i^m hat den Erwartungswert

$$EX_i^m = \sum_{\substack{S\; P_{=m}^{\sigma-1}}} P(\{S\})\, X_i^m(S)$$

$$= \frac{1}{\binom{n_m-1}{\sigma-1}} \sum_{S\in P_{=m}^{\sigma-1}} \sum_{j\in S} \alpha_{ij}^m$$

$$(7) \qquad = \frac{1}{\binom{n_m-1}{\sigma-1}} \sum_{j\;N^m} \sum_{\substack{S\ni j \\ S\in P_{=m-1}^{\sigma-1}}} \alpha_{ij}^m$$

$$= \frac{1}{\binom{n_m-1}{\sigma-1}} \sum_{j\in N^m} \binom{n_m-2}{\sigma-2} \alpha_{ij}^m$$

$$= \frac{\sigma-1}{n_m-1}\, a_i^m \quad ,$$

sowie das zweite Moment

$$E(X_i^m)^2 = \sum_{S\in P_{=m}^{\sigma-1}} P(\{S\})(X_i^m(S))^2$$

$$= \frac{1}{\binom{n_m-1}{\sigma-1}} \sum_{S\;P_{=m}^{\sigma-1}} \left(\sum_{j\in S}\alpha_{ij}^m\right)^2$$

$$= \frac{1}{\binom{n_m-1}{\sigma-1}}\left(\sum_{j\in N^m}\binom{n_m-2}{\sigma-2}(\alpha_{ij}^m)^2 + \sum_{\substack{j,k\in N^m \\ j\neq k}} \binom{n_m-3}{\sigma-3}\alpha_{ij}^m\alpha_{ik}^m\right)$$

$$\text{(8)} \quad = \frac{1}{\binom{n_m-1}{\sigma-1}}\left(\sum_{j\in N^m}\left(\binom{n_m-2}{\sigma-2}-\binom{n_m-3}{\sigma-3}\right)(\alpha_{ij}^m)^2 + \sum_{j\in N^m}\binom{n_m-3}{\sigma-3}\alpha_{ij}^m\alpha_{ik}^m\right)$$

$$= \frac{1}{\binom{n_m-1}{\sigma-1}}\left(\frac{n_m-\sigma}{\sigma-2}\binom{n_m-3}{\sigma-3}\sum_{j\in N^m}(\alpha_{ij}^m)^2 + \binom{n_m-3}{\sigma-3}\left(\sum_{j\in N^m}\alpha_{ij}^m\right)^2\right)$$

$$= \frac{(\sigma-1)(\sigma-2)}{(n_m-1)(n_m-2)}\left(\frac{n_m-\sigma}{\sigma-2}\sum_{j\in N^m}(\alpha_{ij}^m)^2 - \left(\sum_{j\in N^m}\alpha_{ij}^m\right)^2\right) \quad .$$

Mithin gilt für die Varianz

$$\sigma^2 X_i^m = E(X_i^m)^2 - (EX_i^m)^2$$

$$\text{(9)} \quad = \frac{\sigma-1}{n_m-1}\left(\frac{n_m-\sigma}{n_m-2}\sum_{j\in N^m}(\alpha_{ij}^m)^2 - \frac{n_m-\sigma}{(n_m-1)(n_m-2)}\left(\sum_{j\,N^m}\alpha_{ij}^m\right)^2\right)$$

$$= \frac{(\sigma-1)(n_m-\sigma)}{n_m-2}\left(\frac{1}{n_m-1}\sum_{j\in N^m}(\alpha_{ij}^m)^2 - \left(\frac{\sum\limits_{j\in N^m}\alpha_{ij}^m}{n_m-1}\right)^2\right)$$

Ist m so groß, daß $\max\limits_{j\in N^m}\alpha_{ij}^m \le \eta$ für vorgegebenes $\eta > 0$ gilt, so folgt

$$\frac{1}{n_m-1}\sum_{j\,N^m}(\alpha_{ij}^m)^2 - \left(\frac{\sum\limits_{j\in N^m}\alpha_{ij}^m}{n_m-1}\right)^2 = \frac{1}{n_m-1}\sum_{j\in N^m}\alpha_{ij}^m\left(\alpha_{ij}^m - \frac{\sum\limits_{k\in N^m}\alpha_{ik}^m}{n_m-1}\right)$$

$$\le \frac{\eta}{n_m-1}\sum_{j\in N^m}\alpha_{ij}^m = \frac{\eta a_i^m}{n_m-1}$$

und daher

$$\text{(10)} \quad \sigma^2 X_i^m \le \frac{(\sigma-1)(n_m-\sigma)}{(n_m-2)(n_m-1)}\eta a_i^m \le \frac{(\sigma-1)(n_m-\sigma)}{(n_m-2)(n_m-1)}\eta a_i \le 2\eta a_i \quad .$$

Die Ungleichung von Tschebyschev liefert somit

$$P\left(|X_i^m - \frac{\sigma-1}{n_m-1}a_i^m| \ge \delta\right) \le \frac{\sigma^2 X_i^m}{\delta^2} \le \frac{2a_i\eta}{\delta^2}$$

für jedes $\delta > 0$, also für $\delta \ge +\sqrt[3]{2a_i\eta}$

$$(11) \qquad P(|X_i^m - \frac{\sigma-1}{n_m-1} a_i^m| \geq \delta) \leq \delta \qquad , \quad \text{q.e.d.}$$

<u>Satz</u> 3.2. Es sei $N^k = \Omega^k - \{1\}$ sowie

$$(12) \qquad X_i^k(S) = \sum_{j \in S \cap \Omega_i^k} \frac{1}{\sigma-1} = \frac{1}{\sigma-1} |S \cap \Omega_i^k|$$

für $S \in \underline{P}_m^{\sigma-1}$. Dann gibt es für jedes $\delta > 0$ ein σ_0 derart, daß aus

$nk \geq \sigma \geq \sigma_0$ stets

$$(13) \qquad P(\{|X^k - \frac{1}{n} e| > \delta) < \delta \quad (X^k = (X_1^k, \ldots, X_n^k))$$

folgt.

Beweis: Es sei

$$(13) \qquad \propto_{ij}^k = \frac{1}{\sigma-1} \quad \text{für } j \in \Omega_i^k , \quad \propto_{ij}^k = 0 \text{ sonst}$$

Dann haben wir eine Situation wie die in $(1, (2), (3)$ beschriebene
vorliegen, (jedoch gilt nicht $\max_j \propto_{ij}^k \to 0$). Ferner ist

$$(14) \qquad a_i^k = \frac{k}{\sigma-1} - \frac{\delta_{i1}}{\sigma-1}$$

da wir 1 aus Ω^k entfernt haben. Wie in (7) folgt daher

$$(15) \qquad EX_i^k = \frac{\sigma-1}{nk-1} a_i^k = \frac{k-\delta_{i1}}{nk-1}$$

und wie in (9)

$$\sigma^2 X_i^k = \frac{(\sigma-1)(nk-\sigma)}{(nk-2)} \left(\frac{1}{nk-1} \sum_{j \in \Omega_i^k - \{1\}} (\frac{1}{\sigma})^2 - \left(\frac{\sum_{j \in \Omega_i^k - \{1\}} \frac{1}{\sigma}}{nk-1} \right)^2 \right)$$

$$= \frac{(\sigma-1)(nk-\sigma)}{(nk-2)(nk-1)} \sum_{j \in \Omega_i^k - \{1\}} \frac{1}{\sigma} \left(\frac{1}{\sigma} - \frac{\sum_{j \in \Omega_i^k - \{1\}} \frac{1}{\sigma}}{nk-1} \right)$$

$$\leq \frac{(\sigma-1)(nk-\sigma)}{(nk-2)(nk-1)} \frac{1}{\sigma} \sum_{j \in \Omega_i^k - \{1\}} \left(\frac{1}{\sigma} - \frac{1}{\sigma} \frac{k-1}{nk-1} \right)$$

$$\leq \frac{(\sigma-1)(nk-\sigma)}{(nk-2)(nk-1)} \frac{k}{\sigma^2} \leq \frac{2}{\sigma} \, .$$

Für vorgegebenes $\delta > 0$ sei σ_0 so groß gewählt, daß

$$(16) \qquad | \frac{k-\delta_{i1}}{nk-1} - \frac{1}{n} | < \frac{\delta}{2} \qquad (nk \geq \sigma_0)$$

und

$$\sigma_0 > \frac{8}{\delta^3}$$

richtig ist. Dann folgt für $nk \geq \sigma \geq \sigma_0$:

$$P(\{|X_i^k - \tfrac{1}{n}| > \delta\}) \leq P(\{|X_i^k - \tfrac{k-\delta_{11}}{nk-1}| > \tfrac{\delta}{2}\})$$

(17)

$$= P(\{|X_i^k - EX_i^k| > \tfrac{\delta}{2}\})$$

$$\leq \frac{4\sigma^2 X_i^k}{\delta^2} \leq \frac{8}{\sigma\delta^2} < \delta \quad \text{q.e.d.}$$

Satz 3.1. und Satz 3.2. spiegeln dieselbe Situation wieder, jedoch unter jeweils etwas anderen Voraussetzungen. Für Satz 3.1. haben wir (1) (2) (3) angenommen. Für Satz 3.2. haben wir (3) durch (13) ersetzt.

Satz 3.3. Sei

$$g: \prod_{i=1}^{n} [o, a_i] \to \mathbb{R}$$

eine stetige Funktion. Dann gibt es für jedes $\varepsilon > o$ ein $M_2 = M_2(\varepsilon)$ derart, daß aus $m \geq M$ stets

$$(18) \quad \left| \sum_{\substack{S \subseteq N^m \\ |S| = \sigma - 1}} \frac{1}{\binom{n_m - 1}{\sigma - 1}} \; g\left(\sum_{j \in S} \alpha_{1j}^m , \ldots , \sum_{j \in S} \alpha_{nj}^m \right) \right.$$

$$\left. - g\left(\frac{\sigma - 1}{n_m - 1} a_1^m , \ldots , \frac{\sigma - 1}{n_m - 1} a^m \right) \right| < \varepsilon$$

folgt (simultan für alle $\sigma \leq n_m$).

Beweis. Nach Satz 3.1. gibt es für jedes $\delta > o$ ein $M = M(\delta)$, so daß (6) richtig ist.
Es sei $\delta_1 = \delta_1(\varepsilon)$ derart gewählt, daß für

$$x, y \in \prod_{i=1}^{n} [o, a_i], \; |x - y| \leq \delta_1$$

stets

$$(19) \quad |g(x) - g(y)| < \frac{\varepsilon}{2}$$

gilt und darüber hinaus noch

$$(20) \quad \delta_1 < \frac{\varepsilon}{4 \, \|g\|}$$

gesichert ist. (g ist gleichmäßig stetig im Definitionsbereich!).

Wir setzen $M_2(\varepsilon) = M(\delta_1(\varepsilon))$. Dann folgt für $m \geq M_2(\varepsilon)$

$$\left| \sum_{\substack{S \in P_{=m}^{\sigma-1}}} \frac{1}{\binom{n_m-1}{\sigma-1}} \; g\Big(\sum_{j \in S} \alpha_{1j}^m,\ldots,\sum_{j \in S} \alpha_n^m\Big) \right.$$

$$\left. - \; g\Big(\frac{\sigma-1}{n_m} a_1^m,\ldots,\frac{\sigma-1}{n_m} a_n^m\Big) \right|$$

$$= \left| \int_{P_{=m}^{\sigma-1}} \Big(g\big(X_1^m(S),\ldots,X_n^m(S)\big) - g\big(\frac{\sigma-1}{n_m-1} a_1^m,\ldots,\frac{\sigma-1}{n_m-1}a_n^m\big)\Big) \, dP(S) \right|$$

$$\leq \left| \int_{|X^m - \frac{\sigma-1}{n_m-1}a^m| \leq \delta_1} \Big(g(X^m(S)) - g(\frac{\sigma-1}{n_m-1}a^m) \Big) \, dP(S) \right|$$

$$+ \left| \int_{|X^m - \frac{S-1}{n_m-1} a^m| > \delta_1} \Big(g(X^m(S)) - g(\frac{\sigma-1}{n_m-1}a^m) \Big) \, dP(S) \right|$$

$$< \frac{\varepsilon}{2} + 2\,\|g\|\; P\Big(\{|X^m - \frac{\sigma-1}{n_m-1} a^m| > \delta_1\}\Big) < \frac{\varepsilon}{2} + 2\,\|g\|\; \delta_1 < \varepsilon,$$

was zu zeigen war.

<u>Satz</u> 3.4. Sei $N^k = \Omega^k - \{1\}$ und X_i^k wie in (12) erklärt. Es sei ferner

$$g: \mathbb{R}^{n+} \to \mathbb{R}$$

eine nichtnegative Funktion , die bei $\frac{1}{n}e = (\frac{1}{n},\ldots,\frac{1}{n})$ stetig ist. Dann existiert für jedes $\varepsilon > o$ ein $\delta_o = \delta_o(\varepsilon)$ und ein $\sigma_1 = \sigma_1(\varepsilon)$ derart, daß

$$\int_{|X^k - \frac{1}{n}e| < \delta} g(X^k(S)) dP(S) \geq g\Big(\frac{1}{n},\ldots,\frac{1}{n}\Big) - \varepsilon$$

für $\delta < \delta_o$, $nk \geq \sigma \geq \sigma_1$ richtig ist.

Beweis. Für vorgegebenes $\varepsilon > o$ wählen wir $\delta_o > o$ so klein, daß gilt:

$$|g(x) - g(\tfrac{1}{n}e)| < \tfrac{\varepsilon}{2} \quad (|x - \tfrac{1}{n}e| < \delta_0)$$

$$g(\tfrac{1}{n}e)\delta_0 < \tfrac{\varepsilon}{2}$$

Danach bestimmen wir σ_0 gemäß Satz 3.2. für δ_0 . Dann folgt mit Satz 3.2. für $\delta < \delta_0$ und $nk \geq \sigma \geq \sigma_0$

$$\int_{|X^k - \frac{1}{n}e| < \delta} g(X^k(S))dP(S) \geq g(\tfrac{1}{n}e)P(\{|X^k - \tfrac{1}{n}e| < \delta\}) - \tfrac{\varepsilon}{2}$$

$$\geq g(\tfrac{1}{n}e) - g(\tfrac{1}{n}e)\delta - \tfrac{\varepsilon}{2} \geq g(\tfrac{1}{n}e) - \varepsilon .$$

4.) Nach diesen Vorbereitungen kehren wir zurück zur Berechnung des Shapley-Wertes von v^{mk} . Wir werden im Moment nur Satz 3.2 und Satz 3.4 benötigen, Satz 3.3 bleibt für spätere Zwecke. Es war nach 2.)(6):

$$\Phi_i^k = \frac{1}{nk} \sum_{\sigma=1}^{nk} \sum_{\substack{S \subseteq \Omega^k - \{1\} \\ |S| = \sigma-1}} \frac{1}{\binom{nk-1}{\sigma-1}} (f(k\lambda(S) + e^i) - f(k\lambda(S)))$$

(1)

$$= \frac{1}{nk} \sum_{\sigma=1}^{nk} \sum_{\substack{S \subseteq \Omega^k - \{1\} \\ |S| = \sigma-1}} \frac{1}{\binom{nk-1}{\sigma-1}} (f(\sigma\tfrac{k\lambda(S)}{\sigma} + e^i) - f(\sigma\tfrac{k\lambda(S)}{\sigma}))$$

Wir setzen nun erneut

(2)
$$N^k = \Omega^k - \{1\}$$

um Satz 3.2 anzuwenden. Betrachten wir

(3)
$$\sum_{\substack{S \subseteq \Omega^k - \{1\} \\ |S| = \sigma-1}} \frac{1}{\binom{nk-1}{\sigma-1}} (f(\sigma\tfrac{k\lambda(S)}{\sigma} + e^i) - f(\sigma\tfrac{k(S)}{\sigma}))$$

$$= \int_{\underline{\underline{P}}_m^{\sigma-1}} (f(\sigma X^m + e^i) - f(\sigma X^m))dP$$

Wegen der Konkavität von f ist der Integrand nicht negativ. Daher kann
man fortfahren

$$\geqslant \int\limits_{|x^m - \frac{1}{n}e| < \delta} (f(\delta X^m + e^i) - f(\delta X^m))dP \qquad (\delta > 0) \ .$$

Für hinreichend kleine δ ist das Argument von f unter dem Integral
stets strikt positiv, so daß f differenzierbar ist.(Satz 2.1). Erneut
kann man auf Grund der Konkavität daher fortfahren:

$$(4) \qquad \geqslant \int\limits_{|x^m - \frac{1}{n}e| < \delta} \frac{\partial f}{\partial s_i} (\delta X^m + e^i) = \int\limits_{|x^m - \frac{1}{n}e| < \delta} \frac{\partial f}{\partial s_i} (X^m + \frac{e^i}{\delta}) \ .$$

Die Funktion $g(x) = \frac{\partial f}{\partial s_i} (x + \frac{e^i}{\delta})$ erfüllt die Voraussetzungen von Satz
3.4. Für vorgegebenes $\varepsilon > 0$ machen wir daher noch notfalls $\delta \leqslant \delta_0(\varepsilon)$
und können dann für $\delta \geqslant \delta_1(\varepsilon)$ (4) mit

$$\geqslant \frac{\partial f}{\partial s_i} (\frac{1}{n}e + \frac{e^i}{\delta}) - \varepsilon$$

fortsetzen.Dies werfen wir jetzt in die Formel (1). Danach gilt
für $nk \geqslant \delta \geqslant \delta_1$:

$$\Phi_i^k \geqslant \frac{1}{nk} \sum_{\delta = \delta_1}^{nk} (\frac{\partial f}{\partial s_i} (\frac{1}{n}e + \frac{e^i}{\delta}) - \varepsilon) \geqslant \frac{1}{nk} \sum_{\delta = \delta_1}^{nk} \frac{\partial f}{\partial s_i} (\frac{1}{n}e + \frac{e^i}{\delta}) - \varepsilon \ .$$

Für passendes $\delta_2 \geqslant \delta_1$ ist wegen der Stetigkeitseigenschaft von $\frac{\partial f}{\partial s_i}$

$$|\frac{\partial f}{\partial s_i} (\frac{1}{n}e + \frac{e^i}{\delta}) - \mu_i^m| < \varepsilon \qquad (\delta \geqslant \delta_2)$$

und daher

$$\Phi_i^k \geqslant \frac{1}{nk} \sum_{\delta = \delta_2}^{nk} (\mu_i^m - \varepsilon) - \varepsilon \geqslant \frac{nk - \delta_2 - 1}{nk} \mu_i^m - 2\varepsilon,$$

oder

$$(5) \qquad \Phi_i^k \geqslant \mu_i^m + o(k) \ .$$

Andererseits folgt aus

$$v^m(\Omega) = \sum_{i \in \Omega} \Phi_i^k \geqslant \sum_{i \in \Omega} \mu_i^m + o(k) = v^m(\Omega) + o(k)$$

sofort

(6) $\qquad \Phi_i^k = \mu_i^m + o(k)$.

Wir fassen zusammen:

<u>Satz</u> 4.1. Es sei w ein Markt mit transferierbarem Nutzen, m^k seine
k-fache Replikation. m erfülle die Voraussetzungen von Satz 2.1
(I, § 6). Dann konvergiert für wachsende k der Shapley Wert gegen
die Gleichgewichtsauszahlung.

§ 2   Core eines Marktes

1. Die Zusammenhänge zwischen Core und Gleichgewicht lassen sich etwas einfacher darstellen. Zudem ist der betreffende Grenzwertsatz
nicht auf den Fall transferierbaren Nutzens beschränkt, wir beschäf-
tigen uns daher jetzt wieder mit einem allgemeineren Markt $w = (\Omega, R^{m+},$
$(\gtrsim), A)$ - die Sätze können leicht für mehr spezialisierte Märkte um-
geschrieben werden. Für die Definition von Replikationen können wir
ohne weiteres auf §1.1. zurückgreifen. Es ist aber nicht klar, wie
das Core definiert sein soll, wenn kein transferierbarer Nutzen vor-
liegt und die Bildung von v^w nicht ohne weiteres sinnvoll ist.

<u>Definition</u> 1.1.   Es sei $w = (\Omega, R^{m+}, (\gtrsim), A)$ ein Markt und $X, Y \in \mathcal{O}l$.
Man sagt, X <u>dominiere</u> Y (bezüglich S) und schreibt

(1) $\qquad X \text{ dom }_S Y,$

falls $\displaystyle\sum_{i \in S} x^i = \sum_{i \in S} a^i$ und $x^i \underset{i}{\gtrless} y^i$ $(i \in S)$ gilt.

Die Menge

(2) $\qquad \mathcal{C}(w) = \{X \in \mathcal{O}l \mid X \text{ ist nicht dominiert}\}$

heißt das <u>Core von</u> w.

<u>Satz</u> 1.2.   Sei w ein Markt mit transferierbarem Nutzen. Sei $\bar{X} \in \mathcal{C}(w)$.
Dann ist der durch $\bar{\mu}_i = u^i(\bar{x}^i) + \bar{\xi}^i$ definierte Vektor $\bar{\mu} \in \mathcal{C}(v^w)$.
Ist umgekehrt $\bar{\mu} \in \mathcal{C}(v^w)$, so existiert $\bar{X} \in \mathcal{O}l$ mit $\bar{X} \in \mathcal{C}(w)$ und
$\bar{\mu}_i = u^i(\bar{x}^i) + \bar{\xi}^i$.

<u>Beweis.</u> Sei $\bar{X} \in \mathcal{C}(w)$, $\bar{X} = (\bar{x}^i, \bar{\xi}^i)_{i \in \Omega}$, $\bar{\mu}_i = u^i(\bar{x}^i) + \bar{\xi}^i$. Angenommen
$\bar{\mu} \in \mathcal{C}(v^w)$. Nach Satz 1.5. (I, §1) existiert $\hat{\mu} \in \mathcal{J}(v^w)$ mit

$$\hat{\mu} \text{ dom }_S \bar{\mu}$$

für ein gewisses $S \in \underline{P}$. O. B. d. A. ist $\hat{\mu}\,(S) = v^{\mathcal{M}}(S)$.
Es sei $\hat{x}^0 \in \mathcal{O}^0$ so gewählt, daß $\hat{x}^0_S = (\hat{x}^i)_{i \in S} \in \mathcal{O}^0_S$, $\sum\limits_{i \in S} u^i(\hat{x}^i) = v^{\mathcal{M}}(S)$
richtig ist. Ferner sei $\hat{\xi}^i = u^i\,(\hat{x}^i) - \hat{\mu}_i \quad (i \in S)$, $\hat{\xi}^i(i \in S^c)$ belie-
big, so daß $\sum\limits_{\Omega}\hat{\xi}^i = 0$.

Dann gilt

$$\sum_{i \in S} (\hat{x}^i,\hat{\xi}^i) = \sum_{i \in S} (a^i,\, \hat{\mu}_i - u^i(\hat{x}^i)) = (\sum_{i \in S} a^i,\, 0)$$

und

$$u^i(\hat{x}^i) + \hat{\xi}^i = \hat{\mu}_i > \bar{\mu}_i = u^i(\bar{x}^i) + \bar{\xi}^i \quad (i \in S)$$

also

$$\hat{x} \text{ dom }_S \bar{x},\ \bar{x} \notin \mathcal{C}(\mathcal{M})$$

Dieser Widerspruch bewirkt $\bar{\mu} \in \mathcal{C}(v^{\mathcal{M}})$. Sei umgekehrt $\bar{\mu} \in \mathcal{C}(v^{\mathcal{M}})$ und erneut $(\bar{x}^i)_{i \in S}$, so daß $\sum\limits_{i \in S}\bar{x}^i = \sum\limits_{i \in S} a^i$, $\sum\limits_{i \in S} u^i(\bar{x}^i) = v^{\mathcal{M}}(S)$. Man setzt

$\bar{\xi}^i = \bar{\mu}^i - u^i(\bar{x}^i) \quad (i \in S)$ und nimmt an, $\bar{x} \notin \mathcal{C}(\mathcal{M})$. Dann existiert $\hat{x}$ mit
$\hat{x} \text{ dom}_S \bar{x}$. Daraus folgt

$$\sum_{i \in S}\hat{x}^i = \sum_{i \in S} a^i,\ \sum_{i \in S}\hat{\xi}^i = 0.$$

und

$$u^i(\hat{x}^i) + \hat{\xi}^i > u^i(\bar{x}^i) + \bar{\xi}^i$$

Mithin

$$v^{\mathcal{M}}(S) \geq \sum_{i \in S} u^i\,(\hat{x}^i) > \sum_{i \in S} u^i\,(\bar{x}^i) + \bar{\xi}^i = \sum_{i \in S}\bar{\mu}_i \geq v^{\mathcal{M}}(S),$$

was nicht möglich ist. Also gilt

$$\bar{x} \in \mathcal{C}(\mathcal{M}).$$

$\mathcal{C}(\mathcal{M})$ ist also das markttheoretische Analogon zum spieltheoretischen
$\mathcal{C}(v^{\mathcal{M}})$. Man beachtet, daß es i. a. genügt, Verteilungen $X_S \in \mathcal{O}_S$ zu betrachten, wenn man Dominanzrelationen untersucht: man kann sie ja
stets zu Verteilungen $X \in \mathcal{O}$ ergänzen.

2.) Im Folgenden sei, wie immer, (Σ) stets verträglich und stetig.
===

<u>Satz</u> 2.1. Ist $(\bar{p},\bar{X})$ ein Gleichgewicht, so ist $\bar{X} \in \mathcal{C}(\mathcal{m})$. (vgl.Satz 3.3.
I, § 6)

Beweis. Sei $\hat{X}$ dom_S $\bar{X}$.

Wegen $\hat{x}^i \not\geq \bar{x}^i$ $(i \in S)$ kann $\hat{x}^i$ nicht in B_p^i liegen, folglich ist

$$p\hat{x}^i > pa^i \qquad (i \in S)$$

und daher

$$p\sum_{i \in S} \hat{x}^i > p\sum_{i \in S} a^i.$$

Andererseits soll $\sum_{i \in S} \hat{x}^i = \sum_{i \in S} a^i$ gelten, was nicht möglich ist,

q.e.d.

Sei nun $\mathcal{m}^k$ die k-fache Replikation von $\mathcal{m}$.

<u>Satz</u> 2.2. Sei $\bar{X} \in \mathcal{C}(\mathcal{m}^k)$ und $(\succeq)$ strikt konvex. Dann ist $\bar{x}^l = \bar{x}^i$ $(l \in \Omega_i^k)$

Spieler gleichen Typs erhalten also die gleiche Zuteilung bei Core-
Verteilungen.

Beweis. Für jedes $i \in \Omega$ sei l_i so bestimmt, daß

$$\bar{x}^l \succeq \bar{x}^{l_i} \qquad l \in \Omega_1^k$$

Wegen der strikten Konvexität von $(\succeq)$ folgt

$$(1) \qquad \hat{x}^{l_i} = \frac{1}{k} \sum_{l \in \Omega_i^k} \bar{x}^l \succeq \bar{x}^{l_i}$$

Falls für ein $i = i_0$ nicht sämtliche $x^l \in \Omega_{i_0}^k$ identisch sind, hat man
sogar

$$(2) \qquad \hat{x}^{l_{i_0}} \not\succeq \bar{x}^{l_{i_0}}$$

Sei $S = \{l_i \mid i \in \Omega\} \subseteq \Omega^k$, $\hat{e}$ ein Vektor, dessen Koordinaten die Einheit sind an den Stellen, an denen die Koordinaten von $\hat{x}^{l_{i_0}}$ positiv
sind. Dann gibt es $\delta > 0$, so daß

$$\hat{x}^{l_{i_0}} - \delta\hat{e} \not\succeq \bar{x}^{l_{i_0}}$$

richtig ist.

Mit

$$\tilde{x}^{l_{i_0}} = \hat{x}^{l_{i_0}} - \delta\hat{e}$$
$$\tilde{x}^{l_i} = \hat{x}^{l_i} + \frac{\delta\hat{e}}{n-1}$$

folgt

(3) $\qquad \tilde{x}^1 \npreceq \bar{x}^1 \quad (1 \in S)$

und

$$\sum_{1 \in S} \tilde{x}^1 = \sum_{1 \in S} \hat{x}^1$$

$$= \sum_{i \in \Omega} \frac{1}{k} \sum_{1 \in \Omega_i^k} \bar{x}^1$$

(4)

$$= \frac{1}{k} \sum_{1 \in \Omega^k} \bar{x}^1$$

$$= \frac{1}{k} k \sum_{1 \in \Omega} a^i = \sum_{1 \in S} a^1$$

das heißt, $\tilde{X} \, \mathrm{dom}_S \, \bar{X}$. Mithin müssen alle $\bar{x}^1 \in \Omega_i^k$ übereinstimmen.

Satz 2.2. zeigt, daß jedes Core-Element von $\boldsymbol{m}^k$ als k-fache Replikation einer Verteilung in $\boldsymbol{m}$ erscheint. Die etwas schärfere Aussage, daß der Erzeuger dieser Replikation auch ein Core-Element in $\boldsymbol{m}$ ist, sieht man leicht ein:
War $(\bar{X})^k$ in $\mathcal{C}(\boldsymbol{m}^k)$, so muß $(\bar{X})^{k-1} \in \mathcal{C}(\boldsymbol{m}^{k-1})$ richtig sein, denn jede Koalition $S \subseteq \Omega^{k-1}$, bezüglich welcher ein gewisses $Y \in \mathcal{O}^{k-1}$ die Beziehung

$$Y \, \mathrm{dom}_S \, (\bar{X})^{k-1}$$

erfüllt, ist auch in Ω^k vorhanden und erfüllt dieselbe Beziehung. Es treten eben immer mehr Koalitionen auf, über die ein vorgegebenes Element blockiert werden könnte, und die Verteilungen, deren Replikationen Core-Elemente liefern, werden daher immer weniger.

Es zeigt sich nun, daß nur diejenigen Verteilungen stets Core-Elemente liefern, die mit passendem Preisvektor ein Gleichgewicht liefern.

<u>Satz</u> 2.3.([DS]) Sei $(\bar{X})^k \in \mathcal{C}(\boldsymbol{m}^k)$ für alle k = 1,2,.... Dann existiert ein $\bar{p} \in P$ derart, daß $(\bar{p},\bar{X})$ Gleichgewicht in $\boldsymbol{m}$ ist.

Beweis. Die Idee ist die folgende: da $\bar{X}$ schon eine zulässige Verteilung ist, benötigen wir einen Vektor $\bar{p} \in P$, der

(5) $\qquad \bar{p}\bar{x}^i = \bar{p}a^i$ oder $\bar{p}(\bar{x}^i - a^i) = 0 \qquad (i \in \Omega)$

und

(6) $\qquad \bar{p}(x - a^i) > 0 \qquad\qquad x \npreceq_i \bar{x}^i$

leistet. Da es in jeder Umgebung von $\bar{x}^i$ Vektoren x mit $x \npreceq_i \bar{x}^i$ gibt, können wir vielleicht (5) aus (6) mit Hilfe der Stetigkeit erreichen. Um (6) zu erzielen, werden wir versuchen, eine Hyperebene zu konstruieren, derart, daß $x - a^i$ stets auf einer Seite liegt, falls $x \underset{i}{\succeq} a^i$ ist. Sei also

(7) $\qquad Z^i = \{ \, x - a^i \mid x \underset{i}{\not\succ} \bar{x}^i \, \}$

und

(8) $\qquad Z = \{ \sum_{i \in \Omega} \alpha_i \, (x - a^i) \mid \alpha_i \geqq 0, \ \sum_{i \in \Omega} \alpha_i = 1, \ x - a^i \in Z^i \}$

die konvexe Hülle der Z^i (wir wollen ja (6) simultan für alle i erreichen). Z ist eine konvexe Menge.

Wir zeigen: $0 \notin Z$.

Angenommen sei $0 \in Z$. Dann existieren $\hat{\alpha}_1, \ldots, \hat{\alpha}_n \geqq 0, \sum \hat{\alpha}_i = 1$ und $\hat{x}^1, \ldots, \hat{x}^n$ mit

(9) $\qquad \hat{x}^i \underset{i}{\not\succ} \bar{x}^i$

(10) $\qquad \sum_{i \in \Omega} \hat{\alpha}_i \, (\hat{x}^i - a^i) = 0$

Sei $S = \{ i \mid \hat{\alpha}_i > 0 \}$ und für $l = 1, 2, \ldots$

(11) $\qquad \tilde{x}^{l,i} = a^i + \dfrac{l \hat{\alpha}_i}{[l \hat{\alpha}_i] + 1} \, (\hat{x}^i - a^i) \qquad (i \in S)$

Offenbar ist $\tilde{x}^{l,i} \to \hat{x}^i$ $(l \to \infty)$ richtig, daher gibt es ein L hinreichend groß, so daß

(12) $\qquad \tilde{x}^{l,i} \underset{i}{\not\succ} \bar{x}^i \qquad (l \geqq L)$

gilt. Sei k so groß gewählt, daß $k \geqq \max_{i \in S} [L \hat{\alpha}_i] + 1$ richtig ist. In $\mathcal{m}^k$ betrachten wir eine k-fache Replikation von $\tilde{x}^{L,i}$, das heißt, für jedes $i \in S$ sei S_i eine Koalition in Ω_i^k mit $|S_i| = [L \hat{\alpha}_i] + 1$ und

$\qquad \underset{x}{\overset{\circ}{x}}^l = \tilde{x}^{L,i} \qquad l \in S_i.$

Wegen (12) haben wir dann

(13) $\qquad \overset{\circ}{x}^l \underset{i}{\not\succ} \bar{x}^i \qquad l \in S_i,$

und wegen (11) und (10)

$$\sum_{l \in \bigcup_{i \in \Omega} S_i} \overset{\circ}{x}^l = \sum_{i \in \Omega} ([L \hat{\alpha}_i] + 1) \, \tilde{x}^{L,i}$$

$$= \sum_{i\in\Omega} ([L\hat{\alpha}_i] + 1)a^i + L \sum_{i\in\Omega}\hat{\alpha}_i (\hat{x}^i - a^i)$$

$$= \sum_{i\in\Omega} ([L\hat{\alpha}_i] + 1)a^i = \sum_{1\in \bigcup_{i\in\Omega} S_i} a^i$$

Mithin

$$\overset{\circ}{X} \text{dom} \bigcup_{i\in\Omega} S_i (\bar{X})^k$$

Dies widerspricht $(^-)^k \in \mathcal{C}(m^k)$, und daher ist $0 \notin Z$.

Mithin existiert eine Hyperebene durch 0 derart, daß Z ganz auf einer Seite liegt. $\bar{p}$ sei eine normierte Normale dieser Hyperebene, also

$$\bar{p}z \geq 0 \quad (z\in Z), \quad \sum_{i=1}^{m} \bar{p}_i = 1.$$

Für beliebiges $x \overset{\geq}{\underset{i}{}} \bar{x}^i$ ist $x-a^i \in Z$ (mit $\alpha_i = 1$), daher

$$(14) \qquad \bar{p}x \geq \bar{p}a^i \qquad\qquad (x \overset{\not\geq}{\underset{i}{}} \bar{x}^i)$$

Aus Stetigkeitgründen folgt $\bar{p}\bar{x}^i \geq \bar{p}a^i$, aber da $\sum_{i\in\Omega} \bar{x}^i = \sum_{i\in\Omega} a^i$ vorausgesetzt war, haben wir auch

$$(15) \qquad \bar{p}\bar{x}^i = \bar{p}a^i$$

$\bar{p}$ ist nun in der Tat nicht negativ: Wegen der Verträglichkeit von $\overset{\geq}{\underset{i}{}}$ ist für jedes $i_0 \in \Omega$ und $t > 0$

$$(16) \qquad te^{i_0} + \bar{x}^i - a^i \in Z^i$$

also $t\bar{p}_{i_0} + \bar{p}(\bar{x}^i - a^i) \geq 0$. Daher muß $\bar{p}_{i_0} \geq 0$ gelten.

Es ist noch nachzuweisen, daß man in (14) wirklich das $>$-Zeichen erreichen kann. Dazu zeigen wir zunächst $\bar{p} > 0$.

Da nicht alle Koordinaten von $\bar{p}$ verschwinden, sei o.B.d.A.

$$(17) \qquad \bar{p}_1 = 0, \quad \bar{p}_2 > 0$$

angenommen. Wegen $\sum_{i\in\Omega} \bar{x}^i = \sum_{i\in\Omega} a^i > 0$ findet man $i \in \Omega$ mit $\bar{x}_2^i > 0$.

Da $\overset{\geq}{\underset{i}{}}$ verträglich ist, folgt

$$\bar{x}^i + e^1 \overset{\not\geq}{\underset{i}{}} \bar{x}^i$$

und

$$\bar{x}^i + e^1 - \delta e^2 \overset{\not\geq}{\underset{i}{}} \bar{x}^i$$

für hinreichend kleines $\delta > 0$. Andererseits ist offenbar

$$\bar{p}(\bar{x}^i + e^1 - \delta e^2) < \bar{p}\bar{x}^i = \bar{p}a^i$$

in Widerspruch zu (14). Dies widerlegt (17); also haben wir $\bar{p} > 0$.

Um nun die schärfere Version von (14), nämlich

$$(18) \qquad \bar{p}x > \bar{p}a^i \qquad (x \succsim \bar{x}^i)$$

nachzuweisen, sei $x \succsim \bar{x}^i$ angenommen. Ist $a^i \neq 0$, so ist $\bar{p}a^i > 0$, und wegen (14) $\bar{p}x > 0$, d.h. etwa $x_1 > 0$. Für kleine $\delta > 0$ ist dann auch noch $x - \delta e^1 \succsim \bar{x}^i$, daher

$$\bar{p}a^i \leq \bar{p}(x - \delta e^1)$$

$$= \bar{p}x - \delta \bar{p}_1$$

$$< \bar{p}x.$$

Ist $a^i = 0$ und $x \neq 0$, so ist $\bar{p}x > 0 = \bar{p}a^i$ trivialerweise. Ist schließlich $x = 0$, so kann nicht $x \succsim \bar{x}^i$ gelten.

§ 3   Das ε- Core

1.) Ein weiteres Phänomen, das sich beim Anwachsen eines Marktes einstellt, ist die Tatsache, daß man auf die lästige Konkavität der Nutzenfunktion verzichten kann - in einem näher festzulegenden Sinne. Wir werden in diesem Paragraphen zunächst einen Markt mit transferierbarem Nutzen im Auge haben; die Nutzenfunktion soll für alle Spieler gleich sein, jedoch verzichten wir auf Konkavität (und Differenzierbarkeit). Aus technischen Gründen müssen wir fordern, daß sie von zwei linearen Funktionen eingeschlossen wird. Die Überlegungen werden darauf hinauslaufen, daß man die Nutzenfunktion durch ihre obere konkave Hülle ersetzt, und die entsprechenden Märkte miteinander vergleicht.

Definition 3.1.   Es sei

$$u: \mathbb{R}^{m+} \to \mathbb{R}$$

eine stetige Funktion. Dann heißt

$$(1) \qquad \bar{u}(x) = \sup \left\{ \sum_{p=1}^{m+1} \alpha_p u(y^p) \,\Big|\, \alpha_p \geq 0, \ \sum_{p=1}^{m+1} \alpha_p = 1, \ y^p \in \mathbb{R}^{m+}, \ \sum_{p=1}^{m+1} \alpha_p y^p = x \right\}$$

die ko̲n̲ka̲v̲e̲ Hü̲l̲l̲e̲ von u.

Für jedes $S \subseteq \Omega$ sei mit S^k eine k-fache Replikation bezeichnet, das heißt, eine Menge in Ω^k mit $S^k = \sum \Omega_i^k$.

Sat̲z̲ 3.2.   Es sei $\mathfrak{m} = (\Omega, \mathbb{R}^{m+} \times \mathbb{R}_+, (\gtrsim), A)$ ein Markt mit transferierbarem Nutzen. Jedes $\gtrsim_i$ sei durch die gleiche Nutzenfunktion

$$u: \mathbb{R}^{m+} \to \mathbb{R}$$

repräsentiert. u sei stetig, nicht negativ und nach oben durch eine lineare Funktion

(2) $L: \mathbb{R}^{m+} \to \mathbb{R}$

majorisiert.

$\overline{\mathfrak{m}}$ sei der Markt $(\Omega, \mathbb{R}^{m+} \times \mathbb{R}, (\overline{\gtrsim}), A)$, wobei $(\overline{\gtrsim})$ durch $\bar{u}$ erzeugt wird. Dann gilt:

Für jedes $\varepsilon > 0$ existiert ein natürliches K, so daß aus $k \geq K$ stets

(3) $v^{\overline{\mathfrak{m}}}(S) - \varepsilon \leq \frac{1}{k} v^{\mathfrak{m}^k}(S^k) = v^{\overline{\mathfrak{m}}}(S)$

gilt.

Beweis. Die Ungleichung rechter Hand ist nahezu trivial: da in $\overline{\mathfrak{m}}$ alle Spieler die gleiche konkave Nutzenfunktion haben, erreichen sie den maximalen gemeinsamen Nutzen durch gleiche Aufteilung der verfügbaren Vorräte, gleiches gilt in $\overline{\mathfrak{m}}^k$, also ist

(4) $v^{\overline{\mathfrak{m}}^k}(S^k) = kv^{\overline{\mathfrak{m}}}(S)$

   (vgl. I.6.2.3. und §1.1.2). Ferner gilt

(5) $v^{\overline{\mathfrak{m}}^k}(S^k) \geq v^{\mathfrak{m}^k}(S^k)$

wegen $\bar{u} \geq u$. Es handelt sich also darum, die linke Seite von (3) nachzuweisen.

Dazu sei $\varepsilon > 0$ fest vorgegeben und $S \subseteq P$ betrachtet. Wir setzen

(6) $\bar{x} = \frac{1}{|S|} \sum_{i \in S} a^i$

und haben wie oben

(7) $v^{\overline{\mathfrak{m}}}(S) = |S| \, \bar{u}(\bar{x})$

Nach Definition von $\bar{u}$ existieren konvexe Koeffizienten $\bar{\alpha}_p$ (p=1,..., m+1) und Vektoren $\bar{y}^p \in \mathbb{R}^{m+}$ mit

$$(8) \qquad \bar{x} = \sum_{p=1}^{m+1} \bar{\alpha}_p \bar{y}^p, \quad \bar{u}(\bar{x}) \leq \sum_{p=1}^{m+1} \bar{\alpha}_p\, u(\bar{y}^p) + \frac{\varepsilon}{2\,S}$$

Es sei für jedes k

$$l_p^k = [k|S|\bar{\alpha}_p]$$

$$(9) \qquad \varepsilon_p^k = k|S|\bar{\alpha}_p - l_p^k \qquad\qquad (p = 1,\ldots,m+1)$$

$$l_0^k = \sum_{p=1}^{m+1} \varepsilon_p^k = k|S| - \sum_{k=1}^{m+1} l_p^k$$

Dann ist

$$\sum_{l \in S^k} a^l = k \sum_{i \in S} a^i = k|S|\bar{x}$$

$$= k|S| \sum_{p=1}^{m+1} \bar{\alpha}_p \bar{y}^p$$

$$(10) \qquad\qquad = \sum_{p=1}^{m+1} l_p^k \bar{y}^p + \sum_{p=1}^{m+1} \varepsilon_p^k \bar{y}^p$$

$$= \sum_{p=1}^{m+1} l_p^k \bar{y}^p + l_0^k \hat{y}$$

mit

$$\hat{y} = \frac{1}{l_0^k} \sum_{p=1}^{m+1} \varepsilon_p^k \bar{y}^p \quad (\text{falls } l_0^k > 0), \quad \hat{y} = 0 \ (\text{sonst}).$$

Formel (10) suggeriert nun eine zulässige Verteilung an die Spieler aus S^k: die ersten l_1^k Spieler erhalten $\bar{y}^1$, die nächsten l_2^k erhalten $\bar{y}^2$ usw.; falls noch welche übrig sind, erhalten sie $\hat{y}$. (Man überzeugt sich, daß $\sum_{p=0}^{m+1} l_p^k = |k|S$ gilt).

Da v^{m^k} der maximale gemeinsame Nutzen ist, folgt

$$v^{m^k}(S^k) \geq \sum_{p=1}^{m+1} l_p^k\, u(\bar{y}^p) + l_0^k\, u\,(\hat{y})$$

$$= \sum_{p=1}^{m+1} l_p^k\, u\,(\bar{y}^p) \qquad (\text{da } u \geq 0)$$

$$= k|S| \sum_{p=1}^{m+1} \bar{\alpha}_p\, u\,(\bar{y}^p) - \sum_{p=1}^{m+1} \varepsilon_p^k u(\bar{y}^p) \qquad (\text{nach } (9))$$

$$= k|S|\bar{u}(\bar{x}) - \frac{k\varepsilon}{2} - \sum_{p=1}^{m+1} u\,(\bar{y}^p) \qquad (\text{nach } (8))$$

$$= kv^{\bar{m}}(S) - \frac{k\varepsilon}{2} - \sum_{p=1}^{m+1} u(\bar{y}^p) \qquad \text{(nach (7))}$$

$$= kv^{\bar{m}}(S) - \frac{k\varepsilon}{2} - \frac{k_o\varepsilon}{2}$$

$$\text{mit } k_o = \frac{2}{\varepsilon} \sum_{p=1}^{m+1} u(\bar{y}^p)$$

Für $k \geq k_o$ hat man also

$$(11) \qquad v^{m^k}(S^k) \geq kv^{\bar{m}}(S) - k\varepsilon$$

Nun hängt k_o außer von ε auch noch über die $\bar{y}^p$ von $\bar{x}$ und damit von S ab. Man wählt also K hinreichend groß und sichert $K \geq k_o(S)$, dann gibt (11) simultan für alle S. Damit ist (3) bewiesen.

Definition 3.3. Sei $\varepsilon > 0$ und
$$v: \underline{\underline{P}} \to R^+, \ v(\emptyset) = 0.$$
Die Menge
$$\mathcal{C}^\varepsilon(v) = \mathcal{C}^\varepsilon = \{\mu \in \mathcal{K} \mid \mu(S) \geq v(S) - |S|\varepsilon, \ \mu(\Omega) = v(\Omega)\}$$
heißt das (schwache) ε-Core von v.

Satz 3.4. Es sei m ein Markt mit transferierbarem Nutzen, der den Bedingungen von Satz 3.2. genügt. Dann existiert für jedes $\varepsilon > 0$ ein natürliches K, so daß aus $k \geq K$ stets
$$\mathcal{C}^\varepsilon(v^{m^k}) \neq \emptyset$$
folgt. $([SSH]_2)$

Beweis. Es sei K wie in Satz 3.2. gewählt.
$$\bar{\mu}_i = \mu_i^{\bar{m}} = \bar{u}(\bar{x}) - \bar{p}(\bar{x} - a^i)$$
bezeichne die Gleichgewichtsauszahlung von $\bar{m}$ (dabei ist $\bar{x} = \frac{1}{n}\Sigma a^i$)
Dann gilt
$$(12) \qquad \bar{\mu}_i - v_i^m \geq v_i^{\bar{m}} - v_i^m \geq 0$$
wegen $\bar{\mu} \in \mathcal{C}(v^{\bar{m}})$, sowie
$$\sum_{i \in \Omega} \bar{\mu}_i - v_i^m = v^{\bar{m}}(\Omega) - \sum_{i \in \Omega} v_i^m$$
$$(13) \qquad\qquad = v^{\bar{m}}(\Omega) - v^m(\Omega)$$
$$= \frac{1}{k} v^{m^k}(\Omega^k) - \frac{1}{k} kv^m(\Omega)$$

$$\geq \frac{1}{k}(v^{\bar{\bar{m}}^k}(\Omega^k) - v^{m^k}(\Omega^k))$$

Dabei haben wir (4) sowie die Tatsache, daß $v \in \emptyset$ gilt, ausgenutzt.

Aus (12) und (13) ersieht man: es gibt Zahlen ε_i $(i \in \Omega)$ mit

$$(14) \qquad 0 \leq \varepsilon_i \leq \bar{\mu}_i - v_i^m$$

$$\sum_{i \in \Omega} \varepsilon_i = \frac{1}{k}(v^{\bar{m}^k}(\Omega^k) - v^{m^k}(\Omega^k))$$

Diese Zahlen werden wir nun natürlich benutzen, um $\bar{\mu}$ zu einem passen-den $\hat{\mu}$ zurechtzustutzen.

Sei

$$(15) \qquad \hat{\mu}_i = \bar{\mu}_i - \varepsilon_i$$

und $\hat{\mu}^k$ die k-fache Replikation von $\hat{\mu}$. Wir zeigen

$$\hat{\mu}^k \in \mathcal{C}^\varepsilon(v^{m^k}). \qquad (k \geq K)$$

In der Tat: zunächst ist

$$(16) \qquad \begin{aligned} \sum_{1 \in \Omega^k} \hat{\mu}_1^k &= k \sum_{i \in \Omega} \hat{\mu}_i \\ &= k \sum_{i \in \Omega}(\bar{\mu}_i - \varepsilon_i) \\ &= k\, v^{\bar{\bar{m}}}(\Omega) - k\frac{1}{k}(v^{\bar{m}^k}(\Omega^k) - v^{m^k}(\Omega^k)) \\ &= v^{m^k}(\Omega^k) \end{aligned}$$

und ferner für $S \subseteq \Omega^k$

$$(17) \qquad \begin{aligned} \sum_{1 \in S} \hat{\mu}_1^k &\geq v^{\bar{m}^k}(S) - \sum_{1 \in S} \varepsilon_1^k \\ &\geq v^{m^k}(S) - \sum_{1 \in S} \varepsilon_1^k \\ &\geq v^{m^k}(S) - \frac{|S|}{k}(v^{\bar{m}^k}(\Omega^k) - v^{m^k}(\Omega^k)) \\ &= v^{m^k}(S) - |S|(v^{\bar{\bar{m}}}(\Omega) - \frac{1}{k}v^{m^k}(\Omega^k)) \\ &\geq v^{m^k}(S) - |S| \end{aligned}$$

nach Satz 3.2.

Also ist $\hat{\mu}^k \in \mathcal{C}^\varepsilon(v^{m^k})$.

4.) Versuchen wir nun, einen ähnlichen Sachverhalt für allgemeinere
=== Märkte aufzudecken. Wenn wir den transferierbaren Nutzen aufgeben, wird die Behandlung des Cores sogleich schwieriger, und Gleichgewichte sind eher in den Griff zu bekommen. Im Folgenden sei also

$$m = (\Omega,\ \mathbb{R}^{m+},(\succsim),A)$$

ein Markt mit lediglich stetigen Präferenzen.

$$u^i:\ \mathbb{R}^{m+} \to \mathbb{R}^+$$

repräsentiere $\succsim_i$. Man kann ohne weiteres annehmen, daß sämtliche u^i
etwa durch eine lineare Funktion L majorisiert werden.

Definition 4.1. Ein ε-Gleichgewicht in m ist gegeben durch ein Paar
$(\bar{p},\bar{X})$ sowie eine Menge $\Omega_0 \subseteq \Omega$ mit folgenden Eigenschaften:

(1) $\qquad \bar{p} \in P,\ \bar{X} \in \mathcal{O\!l}$

(2) $\qquad \bar{x}^i \in B^i_{\bar{p}} \qquad (i \in \Omega)$

(3) $\qquad u^i(\bar{x}^i) = \max \{ u^i(x) \mid x \in B^i_{\bar{p}} \} \qquad (i \in \Omega_0)$

(4) $\qquad \dfrac{|\Omega_0|}{|\Omega|} < \varepsilon$

Für spätere Zwecke führen wir noch einen trivialen Satz an.

Lemma 4.2. Sei C eine kompakte konvexe Menge in $\mathbb{R}^m$ und u: C $\to \mathbb{R}^+$ eine
stetige Funktion. Dann wird für jedes x das sup in 1.)(1) angenom-
men. Die konkave Hülle $\bar{u}$ ist stetig. Falls $\bar{x} \in C$ die Eigenschaft

$$\bar{u}(\bar{x}) = \max_C \bar{u}(x)$$

besitzt, so gibt es reelle Zahlen $\bar{\alpha}_\sigma (\sigma = 1,\ldots,m + 1)$, $\bar{\alpha}_\sigma \geq 0$,
$\sum_{\sigma=1}^{m+1} \bar{\alpha}_\sigma = 1$, sowie Vektoren $\bar{y}^\sigma \in C$, $\sum_\sigma \bar{\alpha}_\sigma \bar{y}^\sigma = \bar{x}$ derart, daß

$$u(\bar{y}^\sigma) = \max_C u(y)$$

$$\bar{u}(\bar{x}) = \sum_{\sigma=1}^{m+1} \bar{\alpha}_\sigma u(\bar{y}^\sigma).$$

Satz 4.3. Es sei m ein Markt mit stetigen verträglichen Präferenzen,
die bei $\lambda > 0$ kupiert sind. Es gelte $a^i \leq \lambda e$ $(i \in \Omega)$. Dann gibt es
für jedes $\varepsilon > 0$ ein natürliches K, so daß aus $k \geq K$ stets folgt,
daß m^k ein ε-Gleichgewicht besitzt. $([RO]_3)$

Beweis. Wir werden versuchen, die Beweise von Satz 3.2. und I,§5,

Satz 4.5. zu kombinieren. Mehrere Schritte sind notwendig.

1. Schritt. Sei $D_p^i = \{x \in \mathbb{R}^{m+} \mid px = pa^i\} \cap \{x \leqslant \lambda e\}$

$$\bar{u}_p^i(x) = \max\left\{\sum_{\sigma=1}^m \alpha_\sigma u^i(y^\sigma) \mid \alpha_\sigma \geqslant 0, \ \sum_{\sigma=1}^m \alpha_\sigma = 1, \ y^\sigma \in D_p^i, \right.$$

$$\left. \sum_{\sigma=1}^m \alpha_\sigma y^\sigma = x \right\} \qquad (p \in P)$$

Wir greifen uns eine beliebige Funktion

$$u': \mathbb{R}^{m+} \to \mathbb{R}^+$$

heraus, die beschränkt stetig, monoton in jeder Koordinate, strikt konkav ist. Dann setzen wir

(5) $$\bar{u}_{p,\delta}^i = \bar{u}_p^i + \delta u'$$

Für jedes $p \in P$ gibt es einen eindeutig bestimmten Vektor $h^i(p) \in D_p^i$ mit

$$\bar{u}_{p,\delta}^i(h^i(p)) = \max\left\{\bar{u}_{p,\delta}^i(x) \mid x \in D_p^i\right\}$$

Die Abbildung

$$h^i: P \to \mathbb{R}^{m+}$$

ist stetig. Dies zeigt man wie in I, §5. Satz 4.4.

2. Schritt. Die Abbildung

$$f: P \to P \ ,$$

definiert durch

$$f(p) = \frac{p + b^+(p)}{1 + \sum_{j=1}^m b_j^+(p)} \qquad \left(b(p) = \sum_{i \in \Omega}(h^i(p) - a^i)\right) \ ,$$

ist stetig und hat daher einen Fixpunkt $\tilde{p}$. Ist $\tilde{x}^i = {}^i(\tilde{p})$, so gilt

(6) $$\tilde{p} \in P, \ \tilde{X} \in \mathcal{O}$$

(7) $$\tilde{x}^i \in D_{\tilde{p}}^i$$

(8) $$\bar{u}_{\tilde{p},\delta}^i(\tilde{x}^i) = \max\left\{\bar{u}_{\tilde{p},\delta}^i(x) \mid x \in D_{\tilde{p}}^i\right\}$$

Beweis wie in I, §5. Satz 4.5.

3. Schritt. Läßt man nun in (5) δ gegen Null streben, so bringen die üblichen Kompaktheitsargumente ein Paar $(\bar{p}, \bar{X})$ mit.

(9) $\qquad \bar{p} \in P, \ \bar{X} \in \mathcal{O}$

(10) $\qquad \bar{x}^i \in D^i_{\bar{p}}$

(11) $\qquad \bar{u}^i_p (\bar{x}^i) = \max \{ \bar{u}^i_p (x) \mid x \in D^i_{\bar{p}} \}$

4. Schritt: für jedes i findet man nach Lemma 4.2. $(\bar{\alpha}^i_\sigma, \ \bar{y}^{i,\sigma})^m_{\sigma=1}$ mit

$$\bar{\alpha}^i_\sigma = 0, \ \sum_{\sigma=1}^m \bar{\alpha}^i_\sigma = 1, \ \bar{y}^{i,\sigma} \in D^i_{\bar{p}}$$

(12) $\qquad \displaystyle\sum_{\sigma=1}^m \bar{\alpha}^i_\sigma \ \bar{y}^{i\sigma} = \bar{x}^i$

$$\sum_{\sigma=1}^m \bar{\alpha}^i_\sigma \ u^i(\bar{y}^{i,\sigma}) = \bar{u}^i_{\bar{p}} (\bar{x}^i)$$

$$u^i(\bar{y}^{i,\sigma}) = \max \{ u^i(y) \mid y \in D^i_{\bar{p}} \}$$

Für $k = 1,2,3,\ldots$ sei

$$l^{ki}_\sigma = [k\bar{\alpha}^i_\sigma] \qquad\qquad \sigma = 1,\ldots,m$$
$$\qquad\qquad\qquad\qquad i \in \Omega$$
$$\varepsilon^{ki}_\sigma = k\bar{\alpha}^i_\sigma - l^{ki}_\sigma$$

Man rechnet wie in 3.(10) nach:

$$\sum_{l \in \Omega^k} a^l = k \sum_{i \in \Omega} a^i$$

(13) $\qquad \displaystyle = \sum_{i \in \Omega} \sum_{\sigma=1}^m l^{ki}_\sigma \ \bar{y}^{i,\sigma} + l^{ki}_0 \sum_{\sigma=1}^m \frac{\varepsilon^{ki}_\sigma}{l^{ki}_0} \ \bar{y}^{i\sigma}$

mit $\qquad l^{ki}_0 = \displaystyle\sum_{\sigma=1}^m \varepsilon^{ki}_\sigma \ , \ |l^{ki}_0| \leqslant m$

Daher kann man eine zulässige Verteilung in $\mathfrak{m}^k$ erreichen, indem man $y^{i,1}$ an die ersten l^{ki}_1 Spieler in Ω^k_i gibt, $y^{i,2}$ an die nächsten l^{ki}_2 usf., schließlich $\displaystyle\sum_{\sigma=1}^m \frac{\varepsilon^{ki}_\sigma}{l^{ki}_0} \ \bar{y}^{i,\sigma} \in D^i_{\bar{p}}$ an die übrigen, - falls noch welche da sind.

Für jeden Spieler $l \in \Omega^k_i$, der ein $y^{i,\sigma}$ erhält, ist seine Zuteilung optimal in $D^l_{\bar{p}} = D^i_{\bar{p}}$, das folgt aus (12). Wegen der Verträglichkeit der Präferenzordnung ist die Zuteilung auch optimal in $B^l_{\bar{p}}$.

Der Anteil der Spieler, die keine optimale Zuteilung bekommen, ist offenbar beschränkt durch

$$\frac{\sum_{i \in \Omega} l_0^{ki}}{\sum_{i \in \Omega} \sum_{\sigma=1}^{m} l_\sigma^{ki}} \leqslant \frac{nm}{\sum_{i \in \Omega} \sum_{\sigma=1}^{m} [k\bar{\alpha}_0^i]} = 0\left(\frac{1}{k}\right)$$

Damit ist der Satz bewiesen.

Satz 4.4. Sei $\mathcal{M}$ ein Markt mit stetigen verträglichen Präferenzen. Dann existiert für jedes $\varepsilon > 0$ ein natürliches K, so daß für $k \geqslant K$ $\mathcal{M}^k$ stets ein ε-Gleichgewicht hat.

Beweis. Durch Approximation mit Satz 4.3. Man beachte, daß man während des Grenzüberganges Ω_0 im wesentlichen festhalten kann.

Kapitel III

Kontinuierlich viele Spieler

Im vorhergehenden Kapitel wurde deutlich, daß sich die (spieltheoretisch motivierten) Lösungsbegriffe Core und Wert für "große Spielermengen" dem ("klassischen") Gleichgewicht annähern. Es scheint daher,
daß man Aussichten hat, unter gewissen Bedingungen sogar die Gleichheit aller Konzepte nachzuweisen, wenn man eine unendliche Spielermenge zuläßt. Es zeigt sich, daß das beste Modell hierfür in einem
atomfreien Maßraum besteht, man kann dann sogar die lästige Bedingung,
daß die Anzahl der Typen von Spielern stets konstant bleibt, völlig
aufgeben. Dafür stellen sich - besonders beim Begriff des Wertes -
Schwierigkeiten bei der Definition der Begriffe ein. Der Einfachheit
halber nehmen wir stets an, daß die Spielermenge das Einheitsintervall
ist, versehen mit dem natürlichen Borelkörper und dem Lebesgue-Maß.
Viele Sätze lassen sich aber ohne weiteres auf allgemeinere Räume
herüberziehen. In diesem Kapitel geben wir aus technischen Gründen die
Forderung der Nichtnegativität an Mengenfunktionen auf. Ein "Maß" ist
daher immer eine auch negativwertige σ-additive Mengenfunktion.

§ 1 **Maßtheoretische Ergänzungen**

1.) Es sei $\tilde{\Omega} = [0,1]$, $\underline{\underline{B}}$ der von der Topologie erzeugte Borelkörper
in $\tilde{\Omega}$ und

$$\lambda : \underline{\underline{B}} \to R^+$$

das Lebesgue-Maß.

<u>Definition</u> 1.1.   Eine Funktion

$$(1) \qquad v : \underline{\underline{B}} \to R \ , \ v(\emptyset) = 0$$

heißt ein <u>Spiel</u> (mit kontinuierlicher Spielermenge). Die Mengen
$S \in \underline{\underline{B}}$ werden auch als <u>Koaligionen</u> bezeichnet.

Die Begriffe superadditiv, konvex, balanciert usw. können ohne weiteres übernommen werden.

Wir fügen noch einige weitere Klassen von Mengenfunktionen ein, haupt-
sächlich in dem Bestreben, eine Topologie auf einem gewissen Raum von
Mengenfunktionen zu erhalten. Dieses Problem taucht für endliches Ω
natürlich nicht auf, da man jede Klasse von Mengenfunktionen als Untermenge des R^{2^n} auffassen kann.

<u>Definition</u> 1.2. Eine Funktion

(2) $\qquad$ $v: \underline{\underline{B}} \to \mathbb{R}, \; v(\emptyset) = 0$

heißt <u>monoton</u>, falls $S, T \in \underline{\underline{B}}$, $S \subseteq T$ stets $v(S) \leqslant v(T)$ impliziert. v heißt <u>von beschränkter Variation</u>, falls es monotone v^1, v^2 gibt mit $v = v^1 - v^2$.

Die Menge der monotonen v sei mit $\mathbb{M}$ bezeichnet, die der v von beschränkter Variation mit $\mathbb{V}$.

<u>Definition</u> 1.3. Für $v \in \mathbb{V}$ sei

$$\| v \| = \inf \left\{ v^1(\tilde{\Omega}) + v^2(\tilde{\Omega}) \mid v^1, v^2 \in \mathbb{M}, \; v^1 - v^2 = v \right\}$$

<u>Satz</u> 1.4. $\| \cdot \|$ ist eine Norm auf $\mathbb{V}$.

Der Beweis ist trivial.

<u>Satz</u> 1.5. [AS] Genau dann ist $v \in \mathbb{V}$, wenn

(3) $\qquad$ $\displaystyle \sup \left\{ \sum_{i=1}^{k} |v(S_i) - v(S_{i-1})| \;\Big|\; S_i \in \underline{\underline{B}}, \; S_0 \subseteq S_1 \subseteq \ldots \subseteq S_k \right\} < \infty$

gilt. Ist v in $\mathbb{V}$, so stimmt (3) mit $\| v \|$ überein.

Beweis. Ist $v \in \mathbb{V}$, v^1, v^2 so daß

(4) $\qquad$ $v = v^1 - v^2, \quad v^1, v^2 \in \mathbb{M}$

so gilt:

$$\sup \left\{ \sum_{i=1}^{k} |v(S_i) - v(S_{i-1})| \;\Big|\; S_i \in \underline{\underline{B}}, \; S_0 \subseteq \ldots \subseteq S_k \right\}$$

$$\leqslant \sup \left\{ \sum_{i=1}^{k} |v^1(S_i) - v^1(S_{i-1})| \;\Big|\; S_i \in \underline{\underline{B}}, \; S_0 \subseteq \ldots \subseteq S_k \right\}$$

$$(5) \quad + \sup \left\{ \sum_{i=1}^{k} |v^2(S_i) - v^2(S_{i-1})| \;\Big|\; S_i \in \underline{\underline{B}}, \; S_0 \subseteq \ldots \subseteq S_k \right\}$$

$$= \sup \left\{ v^1(S_k) - v^1(S_0) \;\Big|\; S_i \in \underline{\underline{B}}, \; S_0 \subseteq S_k \right\}$$

$$+ \sup \left\{ v^2(S_k) - v^2(S_0) \;\Big|\; S_i \in \underline{\underline{B}}, \; S_0 \subseteq S_k \right\}$$

$$= v^1(\tilde{\Omega}) + v^2(\tilde{\Omega}) < \infty.$$

Sei umgekehrt (3) endlich. Wir definieren

$$u^1(S) = \sup \left\{ \sum_{i=1}^{k} (v(S_i) - v(S_{i-1}))^+ \;\Big|\; S_i \in \underline{\underline{B}}, \; S_0 \subseteq \ldots \subseteq S_k \subseteq S \right\}$$

$$u^2(S) = u^1(S) - v(S).$$

Für $T \supseteq S$ ist

$$u^1(T) \geqslant u^1(S) + |v(T) - v(S)|^+$$

also

(6) $\qquad u^1(T) \geqq u^1(S)$

und

(7) $\qquad u^1(T) \geqq u^1(S) + v(T) - v(S)$

(5) besagt, daß u^1 monoton ist, (6) sagt das gleiche über u^2 aus. Also ist $v = u^1 - u^2 \in \mathcal{Y}$.

Sei $\emptyset \subseteq S_0 \subseteq S_1 = \ldots \subseteq S_k = \widetilde{\Omega}$ eine Familie von Mengen aus $\underline{\underline{B}}$ mit

$$\sum_{i=1}^{k} (v(S_i) - v(S_{i-1}))^+ \geqq u^1(\widetilde{\Omega}) - \varepsilon \qquad (\varepsilon > o)$$

Ist

$$I_0 = \{i \mid v(S_i) \geqq v(S_{i-1})\}$$
$$I_1 = \{1,\ldots,k\} - I_0,$$

so folgt:

$$\sum_{i \in I_1} |v(S_{i+1}) - v(S_i)| = - \sum_{i \in I_1} (v(S_{i+1}) - v(S_i))$$

$$= - \sum_{i=1}^{k} (v(S_{i+1}) - v(S_i)) + \sum_{i \in I_0} (v(S_{i+1}) - v(S_i))$$

$$= v(\widetilde{\Omega}) + \sum_{i \in I_0} (v(S_{i+1}) - v(S_i))^+$$

$$\geqq v(\widetilde{\Omega}) + u^1(\widetilde{\Omega}) - \varepsilon$$

$$= u^2(\widetilde{\Omega}) - \varepsilon$$

und daher

$$\|v\| \geqq \sum_{i=1}^{k} |v(S_{i+1}) - v(S_i)|$$

$$= \sum_{i \in I_0} (v(S_{i+1}) - v(S_i))^+ + \sum_{i \in I_1} (v(S_{i+1}) - v(S_i))$$

$$\geqq u^1(\widetilde{\Omega}) - \varepsilon + u^2(\widetilde{\Omega}) - \varepsilon$$

$$= \|v\| - 2\varepsilon.$$

Damit ist der Satz bewiesen. Zudem folgt noch $\|v\| = \|u^1\| + \|u^2\|$. Die Zerlegung entspricht genau der Zerlegung von (Punkt-) Funktionen beschränkter Variation in zwei monotone Anteile. $\|\cdot\|$ wird deshalb auch als $\underline{Totalvariation}$ bezeichnet.

Für Ladungsverteilungen (d.h., σ-additive Maße mit möglicherweise negativen Werten) stimmt die Totalvari ation mit der üblichen Norm überein. Ist

$$\mu = \mu^+ - \mu^-$$

eine Hahnzerlegung einer Ladungsverteilung, so ist

$$\|\mu\| = \mu^+(\tilde{\Omega}) + \mu^-(\tilde{\Omega})$$

Die Norm $\|\cdot\|$ induziert auf $\mathcal{Y}$ eine recht starke Topologie. Konvergenz in dieser Topologie

$$v^n \to v \text{ in } \|\cdot\| \text{ , } (n \to \infty)$$

induziert mengenweise Konvergenz:

$$v^n(S) \to v(S) \qquad (S \in \underline{\underline{B}}, \ n \to \infty)$$

Daraus ist leicht zu sehen, daß $\|.\|$ sogar eine vollständige Topologie liefert, m.a.W.

<u>Satz</u> 1.6. $\mathcal{Y}$ ist, versehen mit der Norm $\|\cdot\|$, ein Banachraum. Nicht
    schwer zu zeigen ist auch

<u>Satz</u> 1.7. Mit v, $w \in \mathcal{Y}$ ist auch $vw \in \mathcal{Y}$, und es gilt $\|vw\| \leq \|v\|\|\ w\|$
    (d.h., $\mathcal{Y}$ ist eine Banach-Algebra).

Jede Potenz μ^k eines atomfreien Maßes μ ist ein Element von $\mathcal{Y}$. Es sei
$\mathcal{Y}^0$ der von diesen Potenzen aufgespannte Unterraum von $\mathcal{Y}$. Wir werden
$\mathcal{Y}^0$ später noch näher untersuchen, wollen jedoch jetzt ohne Beweis
einen tiefer liegenden Satz anschreiben, der weiter hinten als Zitat
benötigt wird.

<u>Satz</u> 1.8. ([AS]) Ist $v \in \mathcal{Y}^0$, so gibt es zu jedem $\varepsilon > 0$ eine Zerlegung

$$v = v^1 - v^2 \ , \ v^1, v^1 \in M$$

    derart, daß v^1, $v^2 \in \mathcal{Y}^0$ und $\|v\| \geq \|v^1\| + \|v^2\| - \varepsilon$ gilt.

2.) Wir zitieren nun einige Sätze, die im allgemeinen nicht zu den
=== Standardwerkzeugen der Maßtheorie zählen, jedoch für unsere Zwek-
ke eine zentrale Stellung innehaben. Die Beweise lassen wir entfallen,
da sie nicht in unseren Themenkreis gehören.

<u>Satz</u> 2.1. (Ljapunoff's Theorem, [LJ], [LI])
    Es seien $\mu_1, \ldots, \mu_k$ endliche atomfreie Maße definiert auf einem
    beliebigen Maßraum. Dann ist der Wertebereich des vektorwertigen
    Maßes

$$\mu = (\mu_1, \ldots, \mu_k)$$

    eine konvexe und kompakte Menge im R^k.

Eine äquivalente Formulierung ist der

<u>Satz</u> 2.2. Ist μ ein vektorwertiges, endliches, atomfreies Maß, definiert auf einem beliebigen Maßraum, so gibt es zu jeder meßbaren Menge S eine Familie von meßbaren Mengen $S_t (0 \leqslant t \leqslant 1)$, daß

$$\mu(S_t) = t\mu(S)$$

gilt. Die S_t können aufsteigend gewählt werden.

Wir ziehen eine Folgerung:

<u>Satz</u> 2.3. Es sei $(\tilde{\Omega}, \underline{\underline{B}})$ ein Maßraum , und $u: \underline{\underline{B}} \to R^k$ ein vektorwertiges Maß auf $\underline{\underline{B}}$. Es seien ferner

$$f_i : \tilde{\Omega} \to [0,1] \qquad i = 1,\ldots,k$$

meßbare Funktionen mit $f_1 \leqslant f_2 \leqslant .. \leqslant f_k$. Dann gibt es meßbare Mengen T_i $(i = 1,\ldots,k)$ mit

$$T_1 \subseteq T_2 \subseteq \ldots \subseteq T_k$$

sowie

$$\int f_i d\mu = \mu(T_i) \qquad (i = 1,\ldots,k)$$

(Dabei ist unter $\int f d\mu$ immer der Vektor $(\int f d\mu_1,\ldots, f d\mu_k)$ zu verstehen)

Beweis. Es ist offenbar hinreichend, den Satz für $k = 2$ zu beweisen. Sind f_1 und f_2 Treppenfunktionen, so kann man o.B.d.A.

$$f_i = \sum_{j=1}^{h} \alpha_i^j 1_{F^j} \qquad (0 \leqslant \alpha_i^j \leqslant 1,\ \alpha_1^j \leqslant \alpha_2^j,\ F^j \cap F^k = \emptyset)$$

annehmen. Nach Satz 2.3. gibt es Mengen G_1^j, G_2^j derart, daß

$$\mu(G_1^j) = \alpha_1^j \mu(F^j)$$
$$\mu(G_2^j) = \alpha_2^j \mu(F^j)$$
$$G_1^j \subseteq G_2^j \subseteq F^j$$

gilt. Daher folgt:

$$\int f_i d\mu = \sum_{j=1}^{h} \alpha_i^j \mu(F^j)$$
$$= \sum_{j=1}^{h} \mu(G_i^j)$$
$$= \mu(\sum_{j=1}^{h} G_i^j),$$

das heißt, man setzt $T_i = \sum_{j=1}^{h} G_i^j$.

Nun können beliebige meßbare f_i gldchmäßig durch Treppenfunktionen approximiert werden; mit Hilfe der Kompaktheit des Wertebereichs von μ ist der Rest daher nicht allzuschwer zu zeigen.

<u>Satz</u> 2.4. ($[SCH]_1$,$[HM]$) (k-dimensionales Lemma von Fatou)

Sei $(\hat{\Omega}, \underline{\underline{B}}, \hat{\mu})$ ein beliebiger Maßraum und

$$f_1: \hat{\Omega} \to \mathbb{R}^{k+} \qquad (1 = 1,2,\ldots)$$

eine Folge $\hat{\mu}$-integrierbarer Funktionen derart, daß

$$\lim_{1 \to \infty} \int_{\hat{\Omega}} f_1(\hat{\omega}) d\hat{\mu}(\hat{\omega}) = e \in \mathbb{R}^{k+}$$

gilt. Dann existiert eine integrierbare Funktion.

$$f: \hat{\Omega} \to \mathbb{R}^{k+}$$

derart, daß

$$\int_{\hat{\Omega}} f(\hat{\omega}) \, d\hat{\mu}(\hat{\omega}) \leqslant e$$

gilt und $f(\hat{\omega})$ Limespunkt von $f_1(\hat{\omega})$ außerhalb einer $\hat{\mu}$-Nullmenge ist.

3.)
===

<u>Definition</u> 3.1. Es sei $\succsim = (\succsim_{\omega})_{\omega \in \tilde{\Omega}}$ eine Familie von Präferenzordnungen

auf $\mathbb{R}^{m+}$. Man sagt, $\succsim$ sei <u>meßbar</u>, falls für jedes Paar x,y $\mathbb{R}^{m+}$

(1) $\qquad \{\omega \mid x \succsim_{\omega} y\}$

meßbar ist.

<u>Satz</u> 3.2. Sei $\succsim = (\succsim_{\omega})_{\omega \in \tilde{\Omega}}$ meßbar und stetig. Dann existiert eine Funktion

tion

(2) $\qquad u^{\cdot}(\cdot): \tilde{\Omega} \times \mathbb{R}^{m+} \to \mathbb{R}^{+}$

mit folgenden Eigenschaften:

(3) $\qquad u^{\cdot}(\cdot)$ ist meßbar in $\tilde{\Omega} \times \mathbb{R}^{m+}$,

(4) $\qquad u^{\omega}(\cdot)$ repräsentiert $\succsim_{\omega}$ für fast alle $\omega \in \tilde{\Omega}$. $([A]_6)$

Beweis. Wir haben lediglich den in I, §5 gegebenen Beweis zu modifizieren. Mit den dort benutzten Bezeichnungen kann man, wie folgt, argumentieren:

Die Menge

$$\tilde{\Omega}_0 = \{\omega \mid \succsim_{\omega} \text{ liefert nur eine Äquivalenzklasse} \}$$

ist meßbar wegen

$$\tilde{\Omega}_0 = \{\omega \mid x \sim_{\omega} y, \; x,y \in \mathbb{Q}^{m+} \}$$

$$= \bigcap_{x \in Q^{m+}} \{\omega \mid x \underset{\omega}{\sim} y\} \quad (y \in Q^{m+})$$

Ist $x^1, x^2, \ldots$ irgendeine Durchzählung der Vektoren von Q^{m+}, so setzen wir

$$u^\omega(x^1) = 1_{\widetilde{\Omega}_0^c} \left(1_{\{x^1 \underset{\omega}{\gtrless} x^i \mid i = 1,2,\ldots\}} \right.$$

$$+ \frac{1}{2} 1_{\left(\{x^1 \underset{\omega}{\gtrless} x^i \mid i = 1,2,\ldots\} \cup \{x^1 \underset{\omega}{\gtrless} x^1 \mid i = 1,2,\ldots\}\right)^c} \Big)$$

sowie induktiv

$$u^\omega(x^{k+1}) = 1_{\widetilde{\Omega}_0^c} \left(1_{\{x^{k+1} \underset{\omega}{\gtrless} x^i \mid i = 1,2,\ldots\}} \right.$$

$$+ \sum_{l=1}^{k} u^\omega(x^l)\, 1_{\{x^l \underset{\omega}{\sim} x^{k+1}\}}$$

$$+ \sum_{\{l_1,\ldots,l_k\} = \{1,\ldots,k\}} \frac{u(x^{l_6+1}) + u(x^{l_6})}{2} .$$

$$\cdot 1_{\{x^{l_k} \underset{\omega}{\gtrless} \ldots \underset{\omega}{\gtrless} x^{l_6+1} \underset{\omega}{\gtrless} x^{k+1} \underset{\omega}{\gtrless} x^{l_6} \underset{\omega}{\gtrless} \cdots \underset{\omega}{\gtrless} x^{l_1}\}}$$

Man sieht induktiv, daß $u^{\cdot}(x^1), u^{\cdot}(x^2),\ldots$ meßbare Funktionen sind, die $\gtrsim$ auf Q^{m+} repräsentieren. Wie in I, §5, 2.), (10) erhält man eine repräsentierende Nutzenfunktion (stetig für fixiertes ω) vermöge

$$u^\omega(x) = \sup\{u^\omega(y) \mid y \in Q^{m+}, x \gtrsim y\}$$

$$= \inf\{u^\omega(y) \mid y \in Q^{m+}, y \gtrsim x\}$$

Dann ist für jedes $0 \leq \alpha \leq 1$

$$\{(\omega,x) \mid u^\omega(x) \leq \alpha\} = \widetilde{\Omega}_0 + \bigcap_{k=1}^{\infty} \bigcup_{i=1}^{\infty} \{(\omega,x) \mid$$

$$|x^i - x| < \frac{1}{k}, \; u^\omega(x^i) < \alpha + \frac{1}{k}\}$$

eine meßbare Menge, was zu zeigen war. Natürlich ist $u^{\cdot}(x)$ auch für festes x eine meßbare Funktion in ω.

Satz 3.3. Sei

$$\gtrsim = (\underset{\omega}{\gtrsim})_{\omega \in \widetilde{\Omega}}$$

meßbar und stetig, sowie $x^{\cdot} : \widetilde{\Omega} \to \mathbb{R}^{m+}$ und $y^{\cdot} : \widetilde{\Omega} \to \mathbb{R}^{m+}$ meßbare (vektorwertige) Funktionen. Dann ist

$$\{\omega \mid x^\omega \underset{\omega}{\gtrless} y^\omega\}$$

meßbar.

Beweis. Sind $x^\cdot$ und $y^\cdot$ (vektorwertige) Treppenfunktionen, etwa (o.B. d.A.)

$$x^\cdot = \sum_i x^i\, 1_{F_i}\,(\cdot)$$

$$y^\cdot = \sum_i y^i\, 1_{F_i}\,(\cdot),\ \sum_i 1_{F_i} = 1_\Omega,$$

so ist

$$\{x^\omega \gtreqless_\omega y^\omega\} = \sum_i F_i \cap \{x^i \gtreqless_\omega y^i\}.$$

Für beliebige meßbare $x^\cdot$, $y^\cdot$ findet man Treppenfunktionen

$$x^{n\cdot},\ y^{n\cdot}\quad (n = 1,2,\dots)\ \text{mit}$$

$$x^{n\cdot} \to x^\cdot,\quad y^{n\cdot} \to y^\cdot\ (\text{f.ü.}),$$

und daher ist

$$\{x^\omega \gtreqless_\omega y^\omega\} = \bigcup_{m=1}^{\infty}\ \bigcap_{n\geqslant m} \{x^{n\omega} \gtreqless_\omega y^{n\omega}\}$$

meßbar.

4.) Wir übertragen jetzt einige der für endliches Ω erhaltenen Ergeb-
=== nisse für das Core auf den kontinuierlichen Fall. Verschiedent-
lich handelt es sich um Standardargumente, und wir gehen dann entsprechend weniger detailliert vor. Nach wie vor bezeichnet $\mathcal{K}$ die Menge der
(endlichen) additiven Mengenfunktionen

$$\mu:\ \underline{\underline{B}} - R,$$

ferner ist Σ die Menge der (endlichen) σ-additiven Mengenfunktionen
auf $\underline{\underline{B}}$. (Im endlichen Fall brauchten wir zwischen beiden nicht zu unterscheiden). Es sei erneut bemerkt, daß wir die Nichtnegativität von
Mengenfunktionen jetzt aufgegeben haben. Jedes $\mu\in\Sigma$ heißt auch Maß oder
Ladungsverteilung.

Definition 4.1. Sei

$$v:\ \underline{\underline{B}} \to \mathbb{R},\ v(\emptyset) = 0$$

eine Mengenfunktion von beschränkter Variation. Das Core von v
ist die Menge

$$\mathcal{C}(v) = \{\mu\in\mathcal{K} \mid \mu(\tilde{\Omega}) = v(\tilde{\Omega}),\ \mu \geqslant v\}$$

Satz 4.2. $(\text{[SCH]}_2,\text{[RO]}_2)$ Sei $v\in\mathcal{V}$. Genau dann ist v balanciert, wenn
$\mathcal{C}(v) \neq \emptyset$ gilt.

Beweis. 1. Sei $\mu\in\mathcal{C}(v)$, $\underline{\underline{S}} \subseteq \underline{\underline{B}}$ ein endliches balanciertes Mengensystem mit Gewichten c_S $(S \in \underline{\underline{S}})$.

Dann ist

$$v(\tilde{\Omega}) = \mu(\tilde{\Omega}) = \int 1_{\tilde{\Omega}} \, d\mu = \int \sum_{S \in \underline{\underline{S}}} c_S 1_S \, d\mu = \sum_{S \in \underline{\underline{S}}} c_S \mu(S)$$

$$\geq \sum_{S \in \underline{\underline{S}}} c_S v(S).$$

2. Sei andererseits v balanciert. Wir führen in $\mathcal{Y}$ eine "schwache Topologie" $\mathcal{T}$ ein, indem wir eine Basis aus Mengen der Form

$$(1) \qquad U_{\varepsilon, S_1, \ldots, S_r}(v) = \{w \in \mathcal{Y} \mid |v(S_i) - w(S_i)| < \varepsilon, (i = 1, \ldots, r)\}$$

$$(S_i \in \underline{\underline{B}}, \varepsilon > 0)$$

angeben. Zunächst wird gezeigt, daß die Funktionen mit nichtleerem Core $\mathcal{T}$-dicht in $\mathcal{Y} \cap \mathcal{B}$ liegen. Dazu sei $v \in \mathcal{Y} \cap \mathcal{B}$ und $U_{\varepsilon, S_1, \ldots, S_r}(v)$ beliebig. $\underline{\underline{B}}^0$ sei der von $S_1, \ldots, S_r$ erzeugte Borel-Körper, $F_1, \ldots, F_n$ seine Atome. Man wählt beliebige Punkte $\omega_1, \ldots, \omega_n$ mit $\omega_i \in F_i$ und setzt

$$\Omega^0 = \{\omega_1, \ldots, \omega_n\}$$

Eine Mengenfunktion

$$v^0: \underline{\underline{P}}(\Omega^0) \to \mathbb{R}$$

wird erklärt durch

$$v^0(S^0) = v(\sum_{\omega_i \in S^0} F_i) \qquad (S^0 \subseteq \Omega^0)$$

v^0 ist balanciert; daher existiert ein additives

$$\mu^0: \underline{\underline{P}}(\Omega^0) \to \mathbb{R}$$

mit $\mu^0(\Omega^0) = v^0(\Omega^0)$, $u^0(S^0) \geq v^0(S^0)$ $(S^0 \subseteq \Omega^0)$. (Dies ist in I, §3 gezeigt worden unter Aufgabe der Nichtnegativität von v^0). Es sei für $S \in \underline{\underline{B}}$

$$\hat{v}(S) = v(\sum_{\omega_i \in S} F_i)$$

$$\hat{\mu}(S) = \sum_{\omega_i \in S} \mu^0(\{\omega_i\}) \delta_{\omega_i}(S)$$

Dann ist

$$(2) \qquad \hat{\mu}(\tilde{\Omega}) = \mu^0(\Omega^0) = v^0(\Omega^0) = \hat{v}(\tilde{\Omega})$$

und

$$(3) \qquad \hat{\mu}(S) = \sum_{\omega_i \in S} \mu(\{\omega_i\}) \delta_{\omega_i}(S) = \mu^0(S \cap \Omega_0) \geq v^0(S \cap \Omega_0) = \hat{v}(S)$$

Aus (2) und (3) folgt $\hat{\mu} \in \mathcal{C}(\hat{v})$. $\hat{v}$ leistet aber $\hat{v} \in \mathcal{U}_{\varepsilon, S_1, \ldots, S_r}$, denn für $S \in \underline{\underline{B}}^O$ ist

$$v(S) = v(\sum_{F_i \subseteq S} F_i) = v(\sum_{\omega_i \in S} F_i) = \hat{v}(S).$$

Also gibt es in jeder Umgebung einer balancierten Funktion von beschränkter Variation eine solche mit nichtleerem Core. Sei nun $v \in \mathcal{Y} \cap \mathcal{B}$ vorgegeben. Dann gibt es ein Netz $\{v^\alpha\}_{\alpha \in I}$ derart, daß

$$\mathcal{C}(v^\alpha) \neq 0, \quad v^\alpha(\tilde{\Omega}) = v(\tilde{\Omega})$$

und

$$v^\alpha \to v \quad (\alpha \in I) \quad (\text{in } \mathcal{T})$$

gilt. Für jedes α sei $\mu^\alpha \in \mathcal{C}(v^\alpha)$. Dann ist

$$\mu^\alpha(S) = \mu^\alpha(\tilde{\Omega}) - \mu^\alpha(S^c)$$
$$\leq v^\alpha(\tilde{\Omega}) - v^\alpha(S^c)$$

Daraus folgt $\lim \sup \mu^\alpha(S) \leq \|v\|$.

Ebenso zeigt man $\lim \inf \mu^\alpha(S) \geq - \|v\|$.

Die Menge $\{\mu \in \mathcal{K} \mid |\mu(S)| \leq \|v\|\}$ ist $\mathcal{T}$-kompakt, also findet man eine Ultraverfeinerung μ^β des Netzes μ^α derart, daß

$$\mu^\beta \to \mu$$

für ein gewisses $\mu \in \mathcal{K}$ gilt. Da $\mathcal{T}$ mit der mengenweisen Halbordnung verträglich ist, folgt $\mu \in \mathcal{C}(v)$, q.e.d.

<u>Definition</u> 4.3. $v \in \mathcal{Y}$ heißt <u>nach oben</u> σ-<u>stetig</u> (nach unten σ-stetig),
   falls für jede aufsteigende (absteigende) Folge $S_n \uparrow S$ ($S_n \downarrow S$)
   (S_n, $S \in \underline{\underline{B}}$, $n = 1, 2, \ldots$) stets

(4) $v(S_n) \to v(S)$

   gilt. v heißt <u>atomfrei</u>, falls

(5) $v(S) = v(S - \{\omega\}) \quad (S \in \underline{\underline{B}}, \omega \in \tilde{\Omega})$

   stets gilt.

<u>Satz</u> 4.4. Sei $v \in \mathcal{Y}$ nach oben und unten σ-stetig. Dann ist jedes
   $\mu \in \mathcal{C}(v)$ σ-additiv. Ist v atomfrei, so auch μ.

Beweis. 1. Sei $\mu \in \mathcal{C}(v)$. Sicher ist μ endlich, man weist $\mu(S) \leq \|v\|$ wie in Satz 4.2. nach. Es sei $S_n \downarrow 0$ eine absteigende Familie von Mengen. Dann ist $S_n^c \uparrow \tilde{\Omega}$ und mithin

$$\mu(S_n) = \mu(\tilde{\Omega}) - \mu(S_n^c)$$
$$\leq v(\tilde{\Omega}) - v(S_n^c)$$
$$\to v(\tilde{\Omega}) - v(\tilde{\Omega}) = 0$$

Also hat man $\lim \sup \mu(S_n) \leq 0$.
Aus

$$\mu(S_n) \geq v(S_n) \to 0$$

folgt $\lim \inf \mu(S_n) \geq 0$, also ist $\lim \mu(S_n) = 0$ und μ σ-additiv. Man beachte, daß wir nur die σ-Stetigkeit bei $0''$ bzw. $\widetilde{\Omega}$ ausgenutzt haben. Beschränkt man sich auf nicht-negatives v, so ist sogar hinreichend, daß v bei $\widetilde{\Omega}'$ nach oben σ-stetig ist.

2. Für jedes $\omega \in \widetilde{\Omega}$ gilt

$$\begin{aligned}
v(\widetilde{\Omega}) &= v(\widetilde{\Omega} - \{\omega\}) \\
&\leq \mu(\widetilde{\Omega} - \{\omega\}) \\
&= \mu(\widetilde{\Omega}) - \mu(\{\omega\}) \\
&\leq v(\widetilde{\Omega}) - v(\{\omega\}) \\
&= v(\widetilde{\Omega}).
\end{aligned}$$

Also $\mu(\widetilde{\Omega} - \{\omega\}) = \mu(\widetilde{\Omega})$.
Erneut benötigen wir etwas weniger, als (5) uns an die Hand gibt.

<u>Bemerkung</u>. Jedes $v \in \mathcal{Y}^o$ erfüllt die Voraussetzungen von Satz 4.4.

σ-Stetigkeit (nach oben) ist hinreichend, aber durchaus nicht notwendig für die Existenz von σ-additiven Core-Elementen. (Man betrachte etwa irgendein e_T, um ein Gegenbeispiel zu liefern). Die Frage nach notwendigen und hinreichenden Kriterien ist noch nicht ganz befriedigend gelöst. Immerhin hat man den folgenden

<u>Satz</u> 4.5. ($[K]_2$) Sei $v \in \mathcal{Y}$, $v \geq 0$.
   Genau dann existiert ein σ-additives $\mu \in \mathcal{C}(v)$, wenn es $w \in \mathcal{Y} \cap \mathcal{B}$ gibt mit folgenden Eigenschaften:

$$(6) \qquad v(S) \leq b_w(S) = \sup\left\{ \sum_{T \in \underline{\underline{T}}} c_T w(T) \;\Big|\; \underline{\underline{T}} \subseteq \underline{\underline{B}}, \right.$$

$$\underline{\underline{T}} \text{ endlich, } c_T \geq 0 \; (T \in \underline{\underline{T}}),$$

$$\left. \sum_{T \in \underline{\underline{T}}} c_T \, 1_T = 1_S \right\} \qquad (S \in \underline{\underline{B}})$$

$$(7) \qquad v(\widetilde{\Omega}) = w(\widetilde{\Omega})$$

$$(8) \qquad w(S) = 0 \quad (S \text{ nicht kompakt})$$

Beweis. 1. Sei $\mu \in \mathcal{C}(v)$, μ σ-additiv. Dann setzt man

$$(9) \qquad w(S) = \begin{cases} \mu(S) & S \text{ kompakt} \\ 0 & \text{sonst} \end{cases}$$

Wir haben zunächst (6), (7), (8) nachzuprüfen. Um (6) zu zeigen, sei $S \in \underline{\underline{B}}$, $\varepsilon > 0$ und $K \subseteq S$ mit

$$\mu(K) \geq \mu(S) - \varepsilon,$$

ein solches K findet man aufgrund der Regularität von μ. Es folgt:

$$v(S) \leq \mu(S) \leq \mu(K) + \varepsilon$$
$$= w(K) + \varepsilon \leq b_w(K) + \varepsilon$$

Da (7) und (8) trivial erfüllt sind, bleibt zu zeigen, daß w balanciert ist. Das folgt aber aus $\mu \geq w$.

2. Es seien die Bedingungen (6), (7), (8) erfüllt. Da w balanciert ist, gibt es ein (additives) $\mu \in \mathcal{C}(w)$. Für stetiges $f: \widetilde{\Omega} \to \mathbb{R}$ sei $\int f d\mu$ wie üblich durch

$$(10) \qquad \int f d\mu = \lim_{n \to \infty} \sum_{i = -\infty}^{\infty} \frac{i}{n} \mu \left(\{\omega \mid \frac{i}{n} \leq f(\omega) < \frac{i+1}{n} \} \right)$$

definiert ([YH]). $\int f d\mu$ ist eine positive Linearform auf dem Raum $C(\widetilde{\Omega})$ der stetigen Funktionen auf $\widetilde{\Omega}$, die das Stonesche Axiom erfüllt und daher (nach dem Satz von Dini) σ-stetig ist. Mithin erzeugt sie ein gewisses σ-additives Maß $\hat{\mu}$ auf $\underline{\underline{B}}$. Für jede kompakte Menge $K \in \underline{\underline{B}}$ gibt es stetige Funktionen f_n (n = 1,2,...) mit

$$f_n \downarrow 1_K \qquad (n \to \infty)$$

also

$$(11) \qquad \hat{\mu}(K) = \lim \int f_n \, d\mu$$

Aus (10) und (11) ist nun leicht $\hat{\mu}(K) \geq \mu(K)$ ersichtlich. Da $1_{\widetilde{\Omega}}$ stetig ist, ist $\hat{\mu}(\widetilde{\Omega}) = \mu(\widetilde{\Omega}) = v(\widetilde{\Omega})$, so daß (8) schließlich

$$(12) \qquad \hat{\mu} \in \mathcal{C}(w)$$

impliziert. Für beliebiges $S \in \underline{\underline{B}}$ ist

$$(13) \qquad v(S) \leq b_w(S)$$

$$= \sup \left\{ \sum_{T \in \underline{\underline{T}}} c_T w(T) \mid \underline{\underline{T}} \text{ endlich}, \ c_T \geq 0, \ \sum_{T \in \underline{\underline{T}}} c_T 1_T = 1_S \right\}$$

$$\leq \sup \left\{ \sum_{T \in \underline{\underline{T}}} c_T \hat{\mu}(T) \mid \underline{\underline{T}} \text{ endlich}, \ c_T \geq 0, \ \sum_{T \in \underline{\underline{T}}} c_T 1_T = 1_S \right\}$$

$$= \sup \left\{ \int \sum_{T \in \underline{\underline{T}}} c_T 1_T d\hat{\mu} \mid \underline{\underline{T}} \text{ endlich}, \ c_T \geq 0, \ \sum_{T \in \underline{\underline{T}}} c_T 1_T = 1_S \right\}$$

$$= \int 1_S d\hat{\mu} = \hat{\mu}(S),$$

also ist $\hat{\mu} \in \mathcal{C}(v)$, q.e.d.

Für konvexe Spiele kann man mit Hilfe der σ-Stetigkeit wieder etwas mehr Einblick in die Struktur des Cores erhalten.

<u>Satz</u> 4.6. ([RO]$_1$) Es sei $v \in \emptyset$, $v \geq 0$ und v nach oben σ-stetig. Für jedes $n = 1,2,\ldots$ sei eine Familie von Mengen S_k^n ($k = 0,\ldots,2^n$) gegeben mit folgenden Eigenschaften:

(14) $\qquad \emptyset = S_0^n \subseteq \ldots \subseteq S_{2^n}^n = \tilde{\Omega}$

(15) $\qquad S_{2i-1}^{n+1} + S_{2i}^{n+1} = S_i^n \qquad (i = 1,\ldots,2^n)$

(16) $\qquad$ Ist $\underline{\underline{B}}^n$ der von $S_0^n,\ldots, S_{2^n}^n$ erzeugte Borel-Körper, so sei
$$\underline{\underline{B}} = \bigvee_{n=1}^{\infty} \underline{\underline{B}}^n$$

(17) $\qquad$ Jedes offene $O \in \underline{\underline{B}}$ ist Vereinigung einer aufsteigenden Folge von Mengen aus $\bigcup_{n=1} \underline{\underline{B}}^n$.

$\qquad$ Dann existiert ein (σ-additives $\mu \in \mathcal{C}(v)$ mit $\mu(S_k^n) = v(S_k^n)$. μ ist Extremalpunkt von $\mathcal{C}(v)$.

Zum Beweis benutzen wir ziemlich die gleichen Mittel wie in I, §2. Auf $\underline{\underline{B}}^n$ definieren wir eine additive Mengenfunktion μ^n durch

$$\mu^n(S_k^n - S_{k-1}^n) = v(S_k^n) - v(S_{k-1}^n),$$

so daß

$$\mu^n(S_k^n - S_{k-1}^n) \geq v(S_k^n - S_{k-1}^n)$$

garantiert ist. Offenbar folgt

$$\mu^{n+1}(S_k^n - S_{k-1}^n) = \mu^{n+1}(S_{2k}^{n+1} - S_{2k-2}^{n+1})$$
$$= \mu^n(S_k^n - S_{k-1}^n),$$

so daß durch

$$\mu = \mu^n \text{ auf } \underline{\underline{B}}^n$$

eine additive Mengenfunktion μ auf $\bigcup_{n=0}^{\infty} \underline{\underline{B}}^n$ festgelegt ist, die $\mu(\tilde{\Omega}) = v(\tilde{\Omega})$ leistet.

Es ist klar, daß

$$\mu(S) \geq v(S) \qquad (S \in \bigcup_{0}^{\infty} \underline{\underline{B}}^n)$$

richtig ist, denn auf $\underline{\underline{B}}^n$ hat man ja genau den endlichen Fall simuliert, und man hat daher nur den Beweis von I, §3 zu wiederholen. Daraus folgt schon die σ-Additivität von μ: ist $S_1 \downarrow \emptyset$ eine gegen $\emptyset$ absteigende Familie von Mengen aus $\bigcup \underline{\underline{B}}^n$, so gilt

$$\mu(S_1) = 1 - \mu(S_1^c) \leqslant 1 - v(S_1^c) \to 0 \ (1 \to \infty)$$

μ gestattet also eine eindeutige Festsetzung auf $\underline{\underline{B}}$. Sei $O \in \underline{\underline{B}}$ offen. Dann existiert eine aufsteigende Folge von Mengen $S_1 \in \bigcup_{n=1}^{\infty} \underline{\underline{B}}^n$ mit $S_1 \uparrow O$. Da μ σ-additiv ist, folgt:

$$\mu(O) = \lim_{1 \to \infty} \mu(S_1) \geq \lim_{1 \to \infty} v(S_1) = v(O),$$

denn v ist σ-stetig. Schließlich folgt aus der Regularität von μ für $S \in \underline{\underline{B}}$:

$$\mu(S) = \inf \{\mu(O) \mid O \text{ offen}, O \supseteq S\}$$
$$\geq \inf \{v(O) \mid O \text{ offen}, O \supseteq S\}$$
$$\geq v(S)$$

also ist $\mu \in \mathcal{C}(v)$.

μ ist ein Extremalpunkt von $\mathcal{C}(v)$, denn wäre

$$\mu = \frac{\mu^1 + \mu^2}{2} \qquad \mu^i \in \mathcal{C}(v),$$

so folgt aus

$$\mu(S_k^n) = v(S_k^n), \ \mu \geq v$$

auch $\mu^i(S_k^n) = v(S_k^n)$, also $\mu^i = \mu$ auf $\bigcup \underline{\underline{B}}^n$ und damit $\mu^i = \mu$ auf $\underline{\underline{B}}$, q.e.d.

§ 2 Nichtkonvexe Präferenzen, Gleichgewicht und Core

1.) Die Definitionen der Begriffe "Markt", "Verteilung", "Gleichgewicht" usw. können prinzipiell aus Kapitel I übernommen werden, wenn man stets Ω durch $\widetilde{\Omega}$, Summen über $i \in \Omega$ durch Integrale über $\widetilde{\Omega}$ ersetzt usw. Aussagen über Elemente $\omega \in \widetilde{\Omega}$ werden immer als λ- fast überall aufgefaßt. Zusätzlich sind noch gewisse Meßbarkeitsforderungen zu beachten. Bei einer Familie von Präferenzordnungen

$$\left(\underset{\omega}{\gtrsim} \right)_{\omega \in \widetilde{\Omega}}$$

wollen wir z.B. stets annehmen, daß sie meßbar im Sinne von §1 ist und daher durch eine Nutzenfunktion $u^{\omega}(x)$ repräsentiert werden kann.

<u>Definition</u> 1.1. Ein <u>Markt</u> (mit kontinuierlich vielen Spielern) ist

ein Quadrupel

(1) $\qquad \widetilde{m} = (\widetilde{\Omega},\ \mathbb{R}^{m+},\ \succsim,\ a^\cdot)$,

wobei $\succsim$ eine meßbare Familie von stetigen, verträglichen Präferenzen und

(2) $\qquad a^\cdot : \widetilde{\Omega} \to \mathbb{R}^{m+}$

eine meßbare, vektorwertige Funktion ist, die

(3) $\qquad \displaystyle\int_{\widetilde{\Omega}} a^\omega d\lambda(\omega) > 0$

leistet.

Die Menge

(4) $\qquad \mathcal{A} = \mathcal{A}(\widetilde{m})$

$\qquad\qquad = \left\{ x^\cdot \mid x^\cdot : \widetilde{\Omega} \to \mathbb{R}^{m+},\ x^\cdot \text{ meßbar},\ \displaystyle\int_{\widetilde{\Omega}} x^\omega d\lambda(\omega) = \int_{\widetilde{\Omega}} a^\omega d\lambda(\omega) \right\}$

repräsentiert die zulässigen Verteilungen.

Für festes $p \in P$ ist

(5) $\qquad B_p^\omega = \left\{ x \in \mathbb{R}^{m+} \mid px \leq pa^\omega \right\} \qquad (\omega \in \widetilde{\Omega})$

die Budgetmenge des Spielers $\omega \in \widetilde{\Omega}$. $(\bar{p}, \bar{x}^\cdot)$ heißt Gleichgewicht, falls

(6) $\qquad \bar{p} \in P,\ \bar{x}^\cdot \in \mathcal{A}(\widetilde{m})$,

(7) $\qquad \bar{x}^\omega \in B_{\bar{p}}^\omega \qquad (\text{f.ü.})$

und

(8) $\qquad x \in B_{\bar{p}}^\omega \text{ impliziert } \bar{x}^\omega \succsim_\omega x \qquad (\text{f.ü.})$

gilt.

Definition 1.2. $\widetilde{m} = (\widetilde{\Omega},\ \mathbb{R}^{m+},\ \succsim,\ a^\cdot)$

heißt einfach, falls es eine meßbare Zerlegung von

(9) $\qquad \widetilde{\Omega} = \widetilde{\Omega}^1 + \ldots + \widetilde{\Omega}^n$

gibt mit $\lambda(\widetilde{\Omega}^i) = \dfrac{1}{n}$, derart, daß gilt:

$\qquad \succsim_\omega \ = \ \succsim_{oi}$

$\qquad\qquad\qquad (\omega \in \widetilde{\Omega}^i)$

$\qquad\qquad\qquad (i = 1, \ldots, n)$

$\qquad a^\omega = a^i$

für gewisse stetige Präferenzordnungen $(\succsim_{oi})_{i=1}^n$ und Vektoren $a^i \in \mathbb{R}^{m+}$ ($i = 1, \ldots, n$).

Satz 2.3. Es sei $\widetilde{m}$ ein einfacher Markt. Dann gibt es für jedes $\varepsilon > 0$

ein ε-Gleichgewicht.

Beweis. Für jedes $k = 1,2,\ldots$ sei

$$(10) \qquad \tilde{\Omega}^i = \sum_{\varkappa=1}^{k} \tilde{\Omega}^i_\varkappa \qquad (i = 1,\ldots,n)$$

eine Zerlegung von $\tilde{\Omega}^i$ in meßbare Mengen mit $\lambda(\tilde{\Omega}^i_\varkappa) = \frac{1}{k}(\tilde{\Omega}^i) = \frac{1}{kn}$.
Es sei

$$(11) \qquad \overset{o}{m} = (\Omega, \mathbb{R}^{m+}, (\overset{\gtrless}{o}), \overset{o}{A})$$

und $\overset{ok}{m}$ die k-fache Replikation von $\overset{o}{m}$.

Nach Satz 4.4.(II,§3). gibt es für hinreichend großes k ein ε-Gleichgewicht $(\bar{p},\bar{X})$ in $\overset{ok}{m}$. Wir betrachten in $\tilde{m}$ die wie folgt definierte Verteilung $\bar{x}^\cdot$:

$$(12) \qquad \bar{x}^\omega = \bar{x}^{i+\varkappa} \qquad (\omega \in \tilde{\Omega}^i_\varkappa)$$

und zeigen, daß $(\bar{p},\bar{x}^\cdot)$ ein ε-Gleichgewicht in $\tilde{m}$ darstellt. In der Tat, es gilt:

$$\bar{p}\bar{x}^\omega = \bar{p}\bar{x}^{i+\varkappa} = \bar{p}a^{oi} = \bar{p}a^\omega \qquad (i \in \tilde{\Omega}^i_\varkappa)$$

sowie

$$\int_{\tilde{\Omega}} \bar{x}^\omega d\lambda(\omega) = \sum_{i=1}^{n} \sum_{\varkappa=1}^{k} \int_{\tilde{\Omega}^i_\varkappa} \bar{x}^\omega d\lambda(\omega)$$

$$= \sum_{i=1}^{n} \sum_{\varkappa=1}^{k} \lambda(\tilde{\Omega}^i_\varkappa) \, \bar{x}^{i+\varkappa}$$

$$= \frac{1}{nk} \sum_{i=1}^{n} \sum_{\varkappa=1}^{k} \bar{x}^{i+\varkappa}$$

$$= \frac{1}{n} \sum_{i=1}^{n} a^{oi}$$

$$= \sum_{i=1}^{n} \int_{\tilde{\Omega}^i} a^\omega d\lambda(\omega)$$

$$= \int_{\tilde{\Omega}} a^\omega d\lambda(\omega)$$

Setzt man schließlich

$$\tilde{\Omega}^o = \bigcup_{i+\varkappa \in \Omega^o} \tilde{\Omega}^i_\varkappa,$$

so ist sicher $\dfrac{\lambda(\tilde{\Omega}^o)}{\lambda(\tilde{\Omega})} = \dfrac{|\Omega^o|}{|\tilde{\Omega}|} < \varepsilon$,

und für fast alle $\omega \notin \tilde{\Omega}^o$ verifiziert man sofort, daß $\bar{x}^\omega$ optimal in $B^\omega_{\bar{p}}$ bezüglich $\overset{\gtrless}{\omega}$ ist.

<u>Satz</u> 2.4. Jeder einfache Markt hat ein Gleichgewicht.

Beweis. Man verschaffe sich eine aufsteigende Folge von Zerlegungen von $\widetilde{\Omega}$ der Form (9) sowie "Ausnahmemengen" $\widetilde{\Omega}^{0,r}$ $(r = 1,2,\ldots)$ vom Maße

$$\lambda(\widetilde{\Omega}^{0,r}) \leqslant \frac{1}{2^r}$$

Gleichzeitig nehme man einen Preisvektor $\bar{p}$ und Verteilungen $\bar{x}^{\cdot r}$ derart, daß $(\bar{p}, \bar{x}^{\cdot r})$ ein $\frac{1}{2^r}$-Gleichgewicht in $\widetilde{\mathfrak{m}}$ ist, und zudem

$$\bar{x}^{\omega r+1} = \bar{x}^{\omega r} \qquad (\omega \notin \widetilde{\Omega}^{0,r})$$

gilt. Durch gründliche Inspektion von Satz 2.3. und der dabei benutzten Sätze 4.3.(II,§3) und 4.4.(II,§3) sieht man, daß dieses in der Tat möglich ist. Daher gilt

$$\bar{x}^{\cdot r} \to \bar{x} \qquad (\text{f.ü. } r \to \infty)$$

für ein gewisses $\bar{x}^{\cdot}$. $(\bar{p}, \bar{x}^{\cdot})$ ist Gleichgewicht.

3.) Bislang konnten wir den Existenzsatz auf unsere Ergebnisse aus I
===
und II aufbauen. Für allgemeine $\widetilde{\mathfrak{m}}$ ist das nicht mehr möglich: man benötigt wesentlich das mehrdimensionale Fatou'sche Lemma (§1, Satz 2.4.) und damit den (für dieses Lemma benötigten) Satz von Ljapunoff.

<u>Satz</u> 3.1. Jeder Markt mit kontinuierlich vielen Spielern hat ein
   Gleichgewicht.$([A]_2, [Ro]_3)$
Beweis. Es sei

(1) $\widetilde{\Omega} = \widetilde{\Omega}^{1,n} + \ldots + \widetilde{\Omega}^{n,n}$ $(n = 1,2,\ldots)$

eine Familie von Zerlegungen mit $\lambda(\widetilde{\Omega}^{n,i}) = \frac{1}{n}$, die die Topologie erzeugt (z.B. halboffene Intervalle). $\underline{\underline{B}}^n$ bezeichne den von (1) erzeugten (endlichen) Borelkörper. Dann ist

$$\underline{\underline{B}} = \bigvee \underline{\underline{B}}^n.$$

Für jede integrable Funktion f (vektorwertig oder reellwertig) sei

(2) $E(f \mid \underline{\underline{B}}^n)$

die bedingte Erwartung von f bezüglich $\underline{\underline{B}}^n$. Es ist bekannt, daß

$$E(f \mid \underline{\underline{B}}^n) \to f \qquad (\text{f.ü.})$$

gilt ("Martingal Satz", vgl. [DO]   ).

Es sei $u^{\cdot}(\cdot)$ eine (λ) repräsentierende Nutzenfunktion. Wir definieren für jedes n einen einfachen Markt vermöge der Festsetzungen

(3) $u^{n\cdot}(x) = E(u^{\cdot}(x) \mid \underline{\underline{B}}^n)$
         $a^{n\cdot}(x) = E(a^{\cdot} \mid \underline{\underline{B}}^n)$

und

(4) $\qquad \widetilde{\mathfrak{m}}^n = (\widetilde{\Omega}, \mathbb{R}^{m+}, (\overset{\geq}{u}{}^{n\cdot}), a^{n\cdot})$

Für jedes n sei $(\bar{p}^n, \bar{x}^{n\cdot})$ ein Gleichgewicht von $\widetilde{\mathfrak{m}}^n$. Nach Auswahl einer Teilfolge $\mathbb{N}_1$ der natürlichen Zahlen haben wir o.B.d.A.

(5) $\qquad \bar{p}^n \to \bar{p} \qquad\qquad (n \to \infty,\ n \in \mathbb{N}_1)$

für ein gewisses $\bar{p} \in P$.

Wegen

(6) $\qquad a^{n\cdot} \to a^\cdot \qquad\qquad (f.\ddot{u}.,\ n \to \infty)$

gilt

(7) $\qquad \bar{p}^n \bar{x}^{n\cdot} = \bar{p}^n a^{n\cdot} \to \bar{p} a^\cdot \qquad\qquad (f.\ddot{u}.,\ n \in \mathbb{N}_1,\ n \to \infty)$

sowie

(8) $\qquad \displaystyle\int_{\widetilde{\Omega}} \bar{x}^{n\omega} d\lambda(\omega) = \int_{\widetilde{\Omega}} a^{n\omega} d\lambda(\omega) = \int_{\widetilde{\Omega}} a^\omega d\lambda(\omega)$

Nach §1, Satz 2.3. gibt es eine integrierbare Funktion $\bar{x}^\cdot \geq 0$ mit

(9) $\qquad \bar{x}^\omega$ ist Limespunkt von
$\qquad\qquad \bar{x}^{n\omega} \qquad (f.\ddot{u}.)$

(10) $\qquad \bar{p}\bar{x}^\omega = \bar{p} a^\omega,\ \displaystyle\int_{\widetilde{\Omega}} \bar{x}^\omega d\lambda(\omega) = \int_{\widetilde{\Omega}} a^\omega d\lambda(\omega)$

Wir wollen zeigen, daß $(\bar{p}, \bar{x}^\cdot)$ das gewünschte Gleichgewicht ist.
Man sieht, daß dazu hinreichend jedenfalls

(11) $\qquad u^{n\omega}(\bar{x}^{n\omega}) \to u(\bar{x}^\omega)$

entlang einer Teilfolge $\mathbb{N}_2 \subseteq \mathbb{N}_1$ ist.

Für fixiertes ω sei $N_2 = N_2(\omega)$ so gewählt, daß $\bar{x}^{n\omega} \to \bar{x}^\omega (n \to \infty,\ n \in \mathbb{N}_2)$ gilt. Wegen

(12) $\qquad u^{n\omega}(\bar{x}^{n\omega}) = \dfrac{1}{\lambda(\widetilde{\Omega}^{i,n})} \displaystyle\int_{\widetilde{\Omega}^{i,n}} u^\eta(\bar{x}^{n\omega})\, d\lambda(\eta) \qquad\qquad (\omega \in \widetilde{\Omega}^{i,n})$

folgt

(13) $\qquad |u^{n\omega}(\bar{x}^{n\omega}) - u^\omega(\bar{x}^\omega)|$

$\qquad\qquad \leq \dfrac{1}{\lambda(\widetilde{\Omega}^{i,n})} \displaystyle\int_{\widetilde{\Omega}^{i,n}} |u^\eta(\bar{x}^{n\omega}) - u^\eta(\bar{x}^\omega)|\, d\lambda(\eta)$

$\qquad\qquad + \dfrac{1}{\lambda(\widetilde{\Omega}^{i,n})} \left| \displaystyle\int_{\widetilde{\Omega}^{i,n}} (u^\eta(\bar{x}^\omega) - u^\omega(x^\omega)\, d\lambda(\eta) \right|$

Wir schätzen den ersten Term ab, er wird majorisiert durch

(14) $\qquad \dfrac{1}{\lambda(\widetilde{\Omega}^{i,n})} \displaystyle\int_{\widetilde{\Omega}^{i,n}} 1(\eta)\, d\lambda \sqrt{\int |u^\eta(\bar{x}^{n\omega}) - u^\eta(\bar{x}^\omega)|^2 d\lambda(\eta)}$

$(0 \leqq u^{\eta} \leqq 1$ kann ohne weiteres angenommen werden).

Wenn nun $n \to \infty$ $(n \in \mathbb{N}_2)$ läuft, so auch

$$u^{\eta}(\bar{x}^{n\omega}) \to u^{\eta}(\bar{x}^{\omega})$$

Nach dem Lebesgueschen Satz über beschränkte Konvergenz strebt (14) daher gegen Null.

Für die zweite Hälfte in (13) beachtet man, daß

$$\frac{1}{\lambda(\tilde{\Omega}^{i,n})} \int_{\tilde{\Omega}^{i,n}} u^{\eta}(x) d\lambda(\eta) = E(u^{\cdot}(x) \mid \underline{\underline{B}}^n)\,(\eta')$$

für alle $\eta' \in \tilde{\Omega}^{i,n}$ gilt. Wegen

$$E(u^{\cdot}(x)\,\underline{\underline{B}}^n) \to u^{\cdot}(x) \qquad (\text{f.ü.})$$

folgt

$$E(u^{\cdot}(\bar{x}^{\omega}) \mid \underline{\underline{B}}^n)\;(\omega) \to u^{\omega}(\bar{x}^{\omega})$$

Daher strebt auch der zweite Term in (13) gegen Null (entlang $\mathbb{N}_2$), und das beweist (11) und somit den Satz.

4.)

__Definition__ 4.1. Sei

$$\tilde{m} = (\tilde{\Omega},\ \mathbb{R}^{m+},\ (\lambda),\ a^{\cdot})$$

ein Markt mit kontinuierlich vielen Spielern, $x^{\cdot}$, $y^{\cdot} \in \mathcal{O}(\tilde{m})$. Man sagt, $x^{\cdot}$ __dominiere__ $y^{\cdot}$ (bez. $S \in \underline{\underline{B}}$) und schreibt:

(1) $\qquad x^{\cdot}\ \text{dom}_S\ y^{\cdot}$,

falls $\lambda(S) > 0$ sowie

$$x^{\omega} \underset{\omega}{\succsim} y^{\omega} \qquad (\text{f.a. } \omega \in S)$$
$$\int_S x^{\omega} d\lambda(\omega) = \int_S a^{\omega} d\lambda(\omega)$$

gilt. Die Menge

(2) $\qquad \mathcal{C}(\tilde{m}) = \{x^{\cdot} \in \mathcal{O} \mid x^{\cdot} \text{ ist nicht dominiert}\}$

heißt das __Core__ von $\tilde{m}$.

__Satz__ 4.2. Genau dann ist $\bar{x}^{\cdot} \in \mathcal{C}(\tilde{m})$, wenn ein $\bar{p} \in P$ existiert derart, daß $(\bar{p},\bar{x}^{\cdot})$ ein Gleichgewicht in $\tilde{m}$ darstellt.([A]$_7$)

Beweis. Wir haben den Beweis von II, §2 etwas zu modifizieren. Zunächst ist die eine Richtung wie üblich leicht: ist $(\bar{p},\bar{x}^{\cdot})$ ein Gleichgewicht, so muß $\bar{x}^{\cdot} \in \mathcal{C}(m)$ sein. Anderenfalls nehme man $S \in \underline{\underline{B}}$ und $y \in \mathcal{O}$ mit

$$y^{\cdot} \; \mathrm{dom}_S \; \bar{x}^{\cdot}$$

vor. Da $y^\omega \underset{\omega}{\succnsim} \bar{x}^\omega$ ($\omega \in S$), kann y^ω nicht in der Budgetmenge von ω sein, also

$$py^\omega > p\bar{a}^\omega$$

Integration liefert

$$p\int_S y^\omega d\lambda(\omega) > p\int_S \bar{a}^\omega d\lambda(\omega),$$

und das ist mit

$$\int_S y^\omega d\lambda(\omega) = \int_S a^\omega d\lambda(\omega)$$

nicht vereinbar.

Zum Beweis der umgekehrten Richtung sei $\bar{x} \in \mathcal{C}(\tilde{\mathfrak{m}})$ vorgegeben. Wir setzen

(4) $\qquad Y^\omega = \{x - a^\omega \mid x \underset{\omega}{\succsim} \bar{x}^\omega\}$

(5) $\qquad Q^0 = \{x \in Q^{m+} \mid \lambda(\{\omega \mid x + a^\omega \underset{\omega}{\succsim} \bar{x}^\omega\}) = 0\}$

sowie

(6) $\qquad \hat{\Omega} = \Omega - \bigcup_{x \in Q^0} \{\omega \mid x + a^\omega \underset{\omega}{\succsim} \bar{x}^\omega\}$

Offenbar ist $\lambda(\hat{\Omega}) = 1$. Sei

(7) $\qquad Y$ = konvexe Hülle von $\bigcup_{\omega \in \hat{\Omega}} Y^\omega$

Die Hauptlast des Beweises beruht darauf, nachzuweisen, daß

(8) $\qquad Y \cap \{y \in R^m \mid y < 0\}$

gilt - danach werden wir wieder eine Y von $0 \in \mathbb{R}^m$ schwach trennende Hyperebene finden, deren Normale den gewünschten Preisvektor liefert.

Angenommen sei, (8) ist falsch. Dann findet man eine Familie von Punkten

(9) $\qquad (\omega_i)_{i=1}^n, \qquad \omega_i \in \hat{\Omega},$

Koeffizienten

(10) $\qquad (\alpha_i')_{i=1}^n, \; \alpha_i' \geq 0, \; \sum_{i=1}^n \alpha_i' = 1,$

sowie Vektoren

(11) $\qquad y', \; (y'^i)_{i=1}^n, \; y' > 0, \; y'^i \in Y^{\omega_i}$

mit

(12) $\qquad -y' = \sum_{i=1}^n \alpha_i' \, y'^i \, .$

Aufgrund der Stetigkeit von $\succsim$ können wir die in (10) und (11) gegebe-

nen Größen durch rationale ersetzen, die,"nahe" an den vorgegebenen
liegen; wir finden

$$(13) \qquad (\alpha_i'')_{i=1}^n, \ \alpha_i'' \in \mathbb{Q}^+, \ \sum_{i=1}^n \alpha_i'' = 1$$

$$(14) \qquad (y''^i)_{i=1}^n, \ y''^i \in \mathbb{Q}^{m+}, \ y''^i \in Y^{\omega_i}$$

mit

$$(15) \qquad -y'' = \sum_{i=1}^n \alpha_i'' \, y''^i < 0$$

Für jedes rationale $\gamma \in \mathbb{Q}^+$ gilt

$$(16) \qquad \frac{\gamma}{\gamma+1} \, y'' + \sum \frac{\gamma \alpha_i''}{\gamma+1} \, y''^i = 0$$

Dieses legt nahe, aus y'', y''^1, $\ldots$, y''^n eine zulässige Verteilung
zusammenzubauen. Dafür hätte man gern

$$(17) \qquad \gamma y'' \in Y^{\omega_0}$$

für ein $\omega_0 \in \tilde{\Omega}$. Wir wählen $\omega_0 \in \hat{\Omega}$ beliebig, dann ist

$$(18) \qquad \gamma y'' = \gamma y'' + a^{\omega_0} - a^{\omega_0}.$$

Wegen $y'' > 0$ und der Verträglichkeit von $\underset{\omega_0}{\gtrsim}$ ist

$$\gamma y'' + a^{\omega_0} \underset{\omega_0}{\gtrsim} \bar{x}^{\omega_0}$$

durch passende Wahl von γ stets zu erreichen, danach ist (17) erfüllt.

Setzt man daher

$$(19) \qquad \hat{y}^0 = \gamma y'', \ \hat{y}^i = y''^i$$
$$\hat{\alpha}^0 = \frac{1}{\gamma+1}, \ \hat{\alpha}_i = \frac{\gamma \alpha_i''}{\gamma+1},$$

so folgt

$$\hat{y}^i \in Y^{\omega_i} \qquad (i = 0, 1, \ldots, n)$$

$$\sum_{i=0}^n \hat{\alpha}_i \, \hat{y}^i = 0.$$

Wegen $\omega_i \in \hat{\Omega}$ folgt $\hat{y}^i \notin \mathbb{Q}^0$, d.h.,

$$\lambda_i = \lambda(\{\omega \mid \hat{y}^i + a^\omega \underset{\omega}{\gtrsim} \bar{x}^\omega\}) > 0$$

Wählt man $\delta > 0$ so klein, daß

$$\delta \hat{\alpha}_i \lessgtr \lambda_i$$

gilt, so kann man (Atomfreiheit des Lebesgue-Maßes) meßbare Mengen
S_0, S_1, $\ldots$, S_n finden mit

$$(20) \qquad \lambda(S_i) = \delta\hat{\alpha}_i$$

$$(21) \qquad \hat{y}^i + a^\omega \gtrless_\omega \bar{x}^\omega \qquad (\omega \in S_i)$$

Wir betrachten die durch

$$(22) \qquad \hat{x}^\omega = a^\omega + \sum_{i=0}^n \hat{y}^i \, 1_{S_i}$$

definierte meßbare Funktion $\hat{x}^\cdot$.
$\hat{x}^\cdot$ ist eine zulässige Verteilung für

$$S = \bigcup_{i=0}^n S_i :$$

$\hat{x}^\cdot = 0$ ist leicht wegen $\hat{y}^i \in Y^{\omega_i}$ zu sehen,
und ferner ist:

$$(23) \qquad \int_S \hat{x}^\omega d\lambda(\omega) = \int_S a^\omega d\lambda(\omega) + \delta\sum_{i=0}^n \hat{\alpha}_i \hat{y}^i$$

$$= \int_S a^\omega d\lambda(\omega).$$

Mithin folgt aus (21):

$$(24) \qquad \hat{y}^\cdot \, \mathrm{dom}_S \, \bar{x}^\cdot .$$

Dieses ist ein Widerspruch zu $\bar{x} \; \mathcal{C}(\hat{\mathfrak{m}})$, also gilt in der Tat (8).
Folglich gibt es einen Vektor $\bar{p} \in R^{m+}$ mit

$$\sum_{j=1}^m \bar{p}_j = 1 \qquad \text{und } \bar{p}x \geqslant 0 \qquad \text{für } x \in Y.$$

$(\bar{p}, \bar{x}^\cdot)$ ist das gewünschte Gleichgewicht. Der Beweis dafür ist - mit
trivialen Änderungen - genau der von Satz 2.3; II,§2, wir lassen ihn daher entfallen.

§ 3 Verschiedene Ansätze für den Shapley Wert

1.) Rufen wir uns ins Gedächtnis zurück, daß es verschiedene Möglich-
=== keiten gibt, für endliche Spielermengen einen Wert einzuführen
(I , §4). Wir werden versuchen, einige dieser Definitionen für das
Einheitsintervall passend umzuformen. Es stellt sich aber heraus, daß
nicht alle gleich gut geeignet sind, und auf keinen Fall eine Äquiva-
lenz aller wie für endliche Spielermengen erzwungen werden kann . Intuitiv ist der Grund folgender: In einer endlichen Spielermenge ist
die faire Verteilung für ein "Einstimmigkeitsspiel" e_T eindeutig die
Gleichverteilung. Für abzählbare Spielermengen ist eine Gleichverteilung gar nicht vernünftig definiert. Ist T sogar ein gewisses In-

tervall, so kann man als "Gleichverteilung" einerseits das Lebesgue-
Maß einführen. Andererseits läßt sich jedes nichtatomare Maß in beliebig viele "gleichgroße" Stücke zerschlagen und bietet sich daher als
Gleichverteilung an. Aus diesen Gründen verträgt sich z.B. die Festsetzung auf "Einstimmigkeitsspielen" nicht mit der axiomatischen Definition.

Versuchen wir zunächst, die Definition des Wertes wieder über eine
Approximation zu erreichen. Ist $v: \underline{\underline{P}}(\Omega) \to \mathbb{R}^+$ ein Spiel auf einer endlichen Spielermenge, so gilt

$$(1) \qquad \Phi_i^v = \sum_{S \in \underline{\underline{P}}} \frac{(n-s)!(s-1)!}{n!} \left[v(S) - v(S - \{i\}) \right]$$

Ist $v: \underline{\underline{B}} \to \mathbb{R}^+$ ein Spiel auf einer kontinuierlichen Spielermenge, so
ist (1) sinnlos. Wir können aber vermittels endlicher Zerlegungen von
$\tilde{\Omega} = [0,1]$ "Vergröberungen" von v erhalten und sehen, ob durch stetige
Verfeinerung solcher Zerlegungen ein Wert als Limes erhalten werden
kann.
Es sei für $m = 1,2,\ldots$ eine Zerlegung $\mathfrak{Z}^m$ von $\tilde{\Omega}$ vermöge

$$(2) \qquad \tilde{\Omega} = \tilde{S}_1^m + \ldots + \tilde{S}_{n_m}^m$$

gegeben. Dabei sei $n_m \to \infty \, (m \to \infty)$ und $(\mathfrak{Z}^m)_{m=1}^\infty$ dicht. Für $m = 1,2,\ldots$
betrachten wir

$$(3) \qquad \Omega_{(m)} = \{1,\ldots,n_m\}$$

sowie ein Spiel

$$v_m: \underline{\underline{P}}(\Omega_{(m)}) \to \mathbb{R}^+,$$

das durch

$$(4) \qquad v_m(S) = v(\sum_{i \in S} \tilde{S}_i^m) \qquad (S \in \underline{\underline{P}}(\Omega_{(m)}))$$

definiert ist. Es sei $\underline{\underline{B}}^m$ der von $\mathfrak{Z}^m$ erzeugte (endliche) Borelkörper
in $\tilde{\Omega}$. Dann ist durch

$$(5) \qquad \Phi^m(\tilde{S}_i^m) = \Phi_i^{v_m}$$

ein Maß auf $\underline{\underline{B}}^m$ definiert, das den Shapley Wert der "Vergröberung"

$$\tilde{v}_m : \underline{\underline{B}}^m \to \mathbb{R}$$

$$\tilde{v}_m (\sum_{i \in S} \tilde{S}_i) = v_m(S) = v(\sum_{i \in S} \tilde{S}_i)$$

darstellen sollte. Wenn man sich ein beliebiges $S \in \bigcup_{m=1}^\infty \underline{\underline{B}}^m$ heraus-

greift, so ist $\Phi^m(S)$ für hinreichend großes m definiert. Kann man

zeigen, daß Φ^m auf $\bigcup\limits_{m=1}^{} \underline{\underline{B}}^m$ gegen ein σ-additives Maß konvergiert, so
existiert eine eindeutige Fortsetzung des betreffenden Grenzwertes auf
$\underline{\underline{B}}$, die man als Wert von v ansprechen wird. Es ist einleuchtend, daß
man eine solche Konvergenz nicht für beliebige v erzwingen kann - man
wird zumindest σ-Eigenschaften fordern müssen. Es liegt in der Struktur der Formel (1) begründet, daß man damit nicht auskommt; in der
Tat können wir einen Grenzwertsatz nur für gewisse „maßerzeugte"v nach-
weisen.

<u>Satz</u> 1.1.($[K]_1$) Es seien $a_1,\ldots,a_r$ positive reelle Zahlen,

$$f: \prod_{i=1}^{r} [0,a_i] \to \mathbb{R}^+$$

eine differenzierbare Funktion, $\mu_1,\ldots,\mu_r \geq 0$ atomfreie, endliche σ-additive Maße mit

$$\mu_i(\tilde{\Omega}) = a_i$$

Ist v: $\underline{\underline{B}} \to \mathbb{R}^+$ definiert durch

$$v(S) = f(\mu_1(S),\ldots,\mu_r(S)) \qquad (S \in \underline{\underline{B}}),$$

so existiert für jedes $\tilde{S} \in \bigcup\limits_{m=0}^{} \underline{\underline{B}}^m$

$$(6) \qquad \lim_{m\to\infty} \Phi^m(\tilde{S}) = \int_0^1 \sum_{i=1}^{r} \mu_i(\tilde{S}) \frac{\partial f}{\partial t_i} (a_1\sigma,\ldots,a_r\sigma)d\sigma$$

$$= \int_0^1 (D_{\mu(S)} f) (a\sigma) d\sigma$$

<u>Bemerkung</u>. Man beachte, daß der Grenzwert nur von $\mu_1,\ldots,\mu_r$ und den
Ableitungen von f abhängt, nicht aber von $(\mathfrak{Z}^n)_{n=1}^{\infty}$. Will man mit Fil-
tertheorie arbeiten, so kann Satz 1.1. auch so aufgefaßt werden, daß
Φ^m entlang des Filters der endlichen Zerlegungen gegen

$$(7) \qquad \Phi(\cdot) = \int_0^1 (D_{\mu(\cdot)} f) (a\sigma) d\sigma$$

konvergiert.

<u>Beweis</u>. Es sei $\tilde{S} = \sum\limits_{i \in S^0} \tilde{S}_i^m \in \underline{\underline{B}}^m$.

Dann ist

$$(8) \qquad \Phi^m(\tilde{S}) = \sum_{i_0 \in S^0} \Phi^m(\tilde{S}_{i_0}^m)$$

und

$$\Phi^m(\tilde{S}^m_{i_o}) = \sum_{S \subseteq \Omega_{(m)}} \frac{(n_m-s)!(s-1)!}{n_m!}(v_m(S)-v_m(S-\{i_o\})) \qquad (s = |S|)$$

$$= \sum_{S \subseteq \Omega_{(m)}} \frac{(n_m-s)!(s-1)!}{n_m!}\left(\tilde{v}(\sum_{j \in S}\tilde{S}^m_j)-\tilde{v}(\sum_{j \in S-\{i_o\}}\tilde{S}^m_j)\right)$$

(9)

$$= \sum_{S \subseteq \Omega_{(m)}} \frac{(n_m-s)!(s-1)!}{n_m!}\left(f(\mu(\sum_{j \in S}\tilde{S}^m_j))-f(\mu(\sum_{j \in S}\tilde{S}^m_{i_o})-\mu(\tilde{S}^m_{i_o}))\right)$$

$$= \sum_{\substack{S \subseteq \Omega_{(m)} \\ S \ni i_o}} \frac{(n_m-s)!(s-1)!}{n_m!}(D_{\mu(\tilde{S}^m_{i_o})}f)(\mu(\sum_{j \in S}\tilde{S}^m_j)-\theta\mu(\tilde{S}^m_{i_o}))$$

mit $0 \leqslant \theta \leqslant 1$.

Nun ist

$$(10) \qquad \sum_{\substack{S \subseteq \Omega_{(m)} \\ S \ni i_o}} \frac{(n_m-s)!(s-1)!}{n_m!} \frac{\partial f}{\partial t_i}(\mu(\sum_{j \in S}\tilde{S}^m_j)-\theta u(\tilde{S}^m_{i_o}))$$

$$= \frac{1}{n_m} \sum_{s=0}^{n_m-1} \sum_{\substack{S \subseteq \Omega_{(m)}-\{i_o\} \\ |S|=s-1}} \frac{1}{\binom{n_m-1}{s-1}} \frac{\partial f}{\partial t_i}(\mu(\sum_{j \in S}\tilde{S}^m_j)+(1-\theta)\mu(\tilde{S}^m_{i_o})) \;.$$

Wir greifen daher auf Satz 3.3(II,§1) zurück. Setzt man dort

$$N^m = \Omega_{(m)}-\{i_o\} \;, \; \alpha^m_{ij} = \mu_i(\tilde{S}^m_j) \;,$$

$$a^m_i = \mu_i(\sum_{j \in \Omega_{(m)}-\{i\}}\tilde{S}^m_j) \to a_i \quad (m \to \infty) \qquad ,$$

so ist $\max_{j \in N^m} \alpha^m_{ij} \to 0$ erfüllt. Mit $g = \frac{\partial f}{\partial t_i}$ liefert der erwähnte Satz

daher die Tatsache, daß der Ausdruck (10) gegen

- 132 -

$$(11) \qquad \int_0^1 \frac{\partial f}{\partial t_i}(a\sigma)d\sigma \qquad\qquad (a = (a_1,\dots,a_r))$$

konvergiert, wenn $m \to \infty$ strebt. Mit dieser Information folgt aus (8) und (9):

$$\left| \Phi^m(\tilde{S}) - \int_0^1 (D_{\mu(\tilde{S})}f)(a\sigma)d\sigma \right|$$

$$= \left| \sum_{i_0 \in S^0} \Phi^m(\tilde{S}^m_{i_0}) - \sum_{i=1}^{r} \sum_{i_0 \in S^0} \mu_i(\tilde{S}^m_{i_0}) \int_0^1 \frac{\partial f}{\partial t_i}(a\sigma)d\sigma \right|$$

$$= \left| \sum_{i=1}^{r} \sum_{i_0 \in S^0} \mu_i(\tilde{S}^m_{i_0}) \Big(\sum_{S \subseteq \Omega_{(m)}} \frac{(n_m-s)!(s-1)!}{n_m!} \frac{\partial f}{\partial t_i}\big(\mu(\sum_{j \in S}\tilde{S}^m_j) - \right.$$

$$\left. - \theta\mu(\tilde{S}^m_{i_0})\big) - \int_0^1 \frac{\partial f}{\partial t_i}(a\sigma)d\sigma \Big) \right|$$

$$\leq \sum_{i=1}^{r} \mu_i(\tilde{S}) \sum_{\substack{S \subseteq \Omega_{(m)} \\ S \ni i_0}} \frac{(n_m-s)!(s-1)!}{n_m!} \frac{\partial f}{\partial t_i}\big(\mu(\sum_{j \in S}\tilde{S}^m_j)$$

$$- \theta\mu(\tilde{S}^m_{i_0})\big) - \int_0^1 \frac{\partial f}{\partial t_i}(a\sigma)d\sigma \Big| \;\to\; 0 \;(m \to \infty).$$

Es ist bemerkenswert, daß der so erhaltene "Shapley- Wert"

$$(12) \qquad \int_0^1 (D_{\mu(.)}f)(a\sigma)d\sigma = \sum_{i=1}^{r} \mu_i(.) \int_0^1 \frac{\partial f}{\partial t_i}(a\sigma)d\sigma$$

eine Linearkombination der μ_i und damit selbst linear in μ als Argument ist. Soweit es f anbetrifft, hängt (12) nur vom Verhalten des Gradienten von f auf der Diagonalen ab.

2.)
=== Es ist klar, daß wir den Wert bisher auf einer zu kleinen Klasse
von Spielen definiert haben. Wenn wir uns unsere Approximations-
verfahren aus Kapitel II vergegenwärtigen, so müssen wir vermuten, daß
die Differenzierbarkeit von f für solche Methoden notwendig ist. Eine
andere Möglichkeit, den Definitionsbereich des Wertes zu erweitern,
ist eine Fortsetzungstheorie, die wir im Folgenden gemäß [AS] entwik-
keln werden.

<u>Definition</u> 2.1. $\mathcal{Y}^0$ sei der von

(1) $\{v \in \mathcal{Y} \mid v = \mu^k,\ \mu \in \mathcal{L},\ \mu \text{ atomfrei},\quad k = 0,1,2,\ldots\}$

aufgespannte lineare Unterraum von $\mathcal{Y}$.

Man sieht leicht, daß $\mu^k \in \mathcal{Y}$ ist, falls $k = 1,2,\ldots$, und $\mu \in \mathcal{L}$. Mehr
noch: sind $0 \le \mu_1,\ldots,\mu_r \in \mathcal{L}$ und ist

$$f: \prod_{i=1}^{r} [0,\mu_i(\tilde{\Omega})] \to \mathbb{R}$$

eine differenzierbare Funktion, so ist $f \circ \mu \in \mathcal{Y}$. Insbesondere gilt
$f \circ \mu \in \mathcal{Y}$ also für die in Satz 1.1. behandelten f und μ. Wir werden sehen, daß letztere sogar $f \circ \mu \in \mathcal{Y}^0$ leisten. Daher ist es sinnvoll, ver-
suchsweise den in Abschnitt 1. erhaltenen Wert auf $\mathcal{Y}^0$ fortzusetzen.
Dazu muß zunächst geklärt werden, welche Eigenschaften eine solche
Fortsetzung haben soll. Dieses kann mit Hilfe eines Axiomensystems
ähnlich dem in I, §4, geschehen, wenn man sich klar macht, was man
unter dem Begriff "Invarianz" verstehen will. Es stellt sich heraus,
daß man den im endlichen Fall benutzten Begriff der Permutation zweck-
mäßig jetzt durch den des meßbaren Automorphismus ersetzt. Darunter
sei eine Abbildung

$$\pi : \tilde{\Omega} \to \tilde{\Omega}$$

verstanden, die eineindeutig und mitsamt ihrer Inversen meßbar (bez. $\underline{\underline{B}}$)
ist. Definiert man für $v \in \mathcal{Y}$

$$\pi v(S) = v(\pi^{-1}(S)),$$

so ist leicht zu sehen, daß $\mathcal{Y}$ und $\mathcal{Y}^0$ invariant unter der Operation π
sind: ist $v \in \mathcal{Y}$ $(\mathcal{Y}^0)$, so auch πv und umgekehrt. Das folgende Axiomensystem ist dann eine mögliche Verallgemeinerung des in I, §4 gegebe-
nen Systems für endliche Spielermengen.

<u>Definition</u> 2.2. Ein Wert auf $\mathcal{Y}^0$ ist eine Abbildung

$$\Phi^\cdot : \mathcal{Y}^0 \to \mathcal{L}$$

mit folgenden Eigenschaften:

$$A_1: \quad \text{(Aggregation) } \Phi^{\cdot} \text{ ist linear und stetig}$$

(2)
$$A_2: \quad \text{(Pareto Optimalität) } \Phi^v(\tilde{\Omega}) = v(\tilde{\Omega}) \quad (v \in \mathcal{Y}^0)$$

$$A_3: \quad \text{(Invarianz) Für jede eineindeutige und in beiden Rich-}$$
tungen meßbare Abbildung $\Pi: \tilde{\Omega} \to \tilde{\Omega}$ gilt

$$\Phi^{\Pi v} = \Pi(\Phi^v) \qquad (v \in \mathcal{Y}^0)$$

__Satz__ 2.3. Falls es einen Wert auf $\mathcal{Y}^0$ gibt, so ist er eindeutig bestimmt.

Beweis. Sei μ atomfrei und $v = \mu^k$. Sei $\Pi: \tilde{\Omega} \to \tilde{\Omega}$ ein μ erhaltender Automorphismus (d.h., eineindeutig und in beiden Richtungen meßbar.) Nach
A_3 gilt

$$\Pi(\Phi^v) = \Phi^{\Pi v} = \Phi^{\Pi(\mu^k)} = \Phi^{\mu^k} = \Phi^v .$$

Also ist Φ^v ebenfalls invariant unter Π. μ ist aber bis auf eine Konstante das einzige unter allen μ-erhaltenden Automorphismen invarian-
te Maß, also ist

$$\Phi^v = c\mu$$

Nach A_2 ist $c = \mu^{k-1}(\tilde{\Omega})$, Φ ist also auf der erzeugenden Menge (1) von
$\mathcal{Y}^0$ eindeutig bestimmt und nach A_1 daher auch auf ganz $\mathcal{Y}^0$.

__Satz__ 2.4. Seien $a_1,\ldots,a_r$ positive Zahlen und

$$f: \prod_{i=1}^{r} [0,a_i] \to \mathbb{R}$$

eine differenzierbare Funktion. Ist $\mu = (\mu_1,\ldots,\mu_r)$ ein vektorwertiges Maß mit atomfreien Komponenten

$$0 \le \mu_i \in \mathcal{Z} , \quad \mu_i(\tilde{\Omega}) = a_i ,$$

so ist

(3)
$$v = f \circ \mu \in \mathcal{Y}^0 .$$

Beweis. Wir gehen in mehreren Schritten vor:

1. Jedes Polynom in Maßen $p_0(\mu_1,\ldots,\mu_r)$ läßt sich darstellen als
Summe von Polynomen in einem Maß ϱ_j :

(4)
$$p_0(\mu_1,\ldots,\mu_r) = \sum_{j=1}^{s} p_j(\varrho_j)$$

Um dieses einzusehen, hat man nur die Identität.

$$k! \, x_1 \cdot \ldots \cdot x_r = (x_1 + \ldots + x_r)^r - \sum_{1 \le i \le r} (x_1 + \ldots + x_r - x_i)^r$$
$$+ \sum_{1 \le i < j \le r} (x_1 + \ldots + x_r - (x_i + x_j))^r \mp \ldots$$

nachzuprüfen. Das läßt sich so durchführen: ist $x_1 = 0$, so ist der erste Term rechter Hand $(x_2 + \ldots + x_r)^r$; dieser Term taucht mit negativem Vorzeichen gerade für $i = 1$ in der nachfolgenden Summe auf. Entsprechend werden alle übrigen Terme dieser Summe durch gewisse Terme der nächsten Summe gelöscht usw. Die rechte Seite verschwindet also für $x_1 = 0$, d.h., x_1 ist ein Faktor der rechten Seite. Ähnlich sind $x_2, \ldots, x_r$ Faktoren, da aber das Polynom rechter Hand nur vom Grade r ist, muß es ein Vielfaches von $x_1 \cdot \ldots \cdot x_r$ sein. Die fehlende Konstante bestimmt sich aus der ersten Klammer.

2. Es sei $A = \prod\limits_{i=1}^{r} [\,0, a_i\,]$ und

$$(5) \qquad \| f \|_o = \max_{x \in A} |f(x)|$$

die sup-Norm für stetiges f auf A. Ferner bezeichne $\| \cdot \|_1$ die durch

$$(6) \qquad \| f \|_1 = \| f \|_o + \sum_{i=1}^{r} \left\| \frac{\partial f}{\partial x_i} \right\|_o$$

definierte Norm für differenzierbare Funktionen f auf A. Der Raum $C^1(A)$ der differenzierbaren Funktionen auf A, versehen mit der Norm $\| \cdot \|_1$ ist ein Banach-Raum. In ihm liegen die Polynome in $x_1, \ldots, x_r$ dicht bezüglich $\| \cdot \|_1$.

3. Ist $f \in C^1(A)$ und μ ein vektorwertiges atomfreies Maß, so ist

$$\| f \circ \mu \| = \sup_{\emptyset = S_o = \ldots \subseteq S_k = \tilde{\Omega}} \sum_{j=1}^{k} |f \circ \mu(S_j) - f \circ \mu(S_{j-1})|$$

$$(7) \qquad = \sup \sum_{j=1}^{k} |f(\mu(S_j)) - f(\mu(S_{j-1}))|$$

$$= \sup \sum_{j=1}^{k} |\mu(S_j - S_{j-1}) \cdot \nabla f(\mu(S_{j-1}) - \theta_j \mu(S_j - S_{j-1}))|$$

$$\leq \| f \|_1 \sup \sum_{j=1}^{k} \sum_{i=1}^{r} |\mu_i(S_j - S_{j-1})|$$

$$= \| f \|_1 \sum_{i=1}^{r} \mu_i(\tilde{\Omega})$$

4. Für vorgegebenes $f \in C^1(A)$, $\mu = (\mu_1, \ldots, \mu_r)$, und $\varepsilon > 0$ findet man daher ein Polynom $p_o(x_1, \ldots, x_r)$ mit

$$\| f - p_o \|_1 < \varepsilon \Big/ \sum_{i=1}^{r} \mu_i(\tilde{\Omega})$$

Danach findet man Polynome $p_1,\ldots,p_s$ in einer Variablen und Maße $\varrho_1,$ $\ldots,\varrho_s \in \mathcal{F}$ mit

$$p_o \circ \mu = \sum_{i=1}^{s} p_i \circ \varrho_i = p \in \mathcal{Y}^o \quad .$$

Die Abschätzung

$$(8) \qquad \| f \circ \mu - p \| = \| f \circ \mu - p_o \circ \mu \| < \varepsilon$$

beweist den Satz.

Satz 2.5. Seien $\mu_1,\ldots,\mu_r \in \mathcal{F}$ beliebige Ladungsverteilungen (nicht notwendig positive σ-additive Mengenfunktionen) sowie $\mu_i = \mu_i^+ - \mu_i^-$ eine Hahnsche Zerlegung von $\mu_i (i = 1,\ldots,r)$.

Ist

$$f: \prod_{i=1}^{r} \; [-\mu_i^-(\tilde{\Omega}),\, \mu_i^+(\tilde{\Omega})] \to \mathbb{R}$$

eine differenzierbare Funktion, so ist

$$f \circ \mu \in \mathcal{Y}^o .$$

Der Beweis verläuft genau analog zu demjenigen von Satz 2.3.

Satz 2.6. Es seien $\mu_1,\ldots,\mu_r$ atomfreie Ladungsverteilungen mit endlicher Variation,

$$\mu_i = \mu_i^+ - \mu_i^- \qquad (i = 1,\ldots,r)$$

eine Hahnsche Zerlegung von μ_i,

$$A = \prod_{i=1}^{r} \; -[\mu_i^-(\tilde{\Omega}),\, \mu_i^+(\tilde{\Omega})]$$

und

$$f: A \to \mathbb{R}$$

eine differenzierbare Funktion.
Dann gilt:

$$(9) \qquad \| f \circ \mu \| \ge \| \int_0^1 (D_{\mu(\cdot)} f)\,(\mu(\tilde{\Omega})\sigma)\; d\sigma \|$$

Beweis. Für die Ladungsverteilung

$$\varphi = \int_0^1 D_{\mu(\cdot)}\, f(\mu(\tilde{\Omega})\sigma)\, d\sigma$$

sei durch

$$\mathscr{C} = \mathscr{C}^+ - \mathscr{C}^- = \int_0^1 \underset{\hat{\mu}^+(\cdot)}{D}\ f(\mu(\tilde{\Omega})\sigma)d\sigma - \int_0^1 \underset{\hat{\mu}^-(\cdot)}{D}\ f(\mu(\tilde{\Omega})\sigma)d\sigma$$

eine Hahnsche Zerlegung gegeben. Es sei

$$a = \mu(\tilde{\Omega}),\ a^+ = \hat{\mu}^+(\tilde{\Omega}),\ a^- = \hat{\mu}^-(\tilde{\Omega}).$$

Nach dem Satz von Ljapunoff (Satz 2.1.,§1) gibt es für jedes $k = 1,2,\ldots$
paarweise disjunkte Mengen

$$S_j^+,\ S_j^- \qquad (j = 1,\ldots,k)$$

mit

$$\hat{\mu}^+(S_j^+) = \frac{a^+}{k}\ ,\ \hat{\mu}^-(S_j^+) = 0$$

$$\hat{\mu}^-(S_j^-) = \frac{a^-}{k}\ ,\ \hat{\mu}^+(S_j^-) = 0$$

$$\tilde{\Omega} = \sum_{j=1}^{k} (S_j^+ + S_j^-)$$

Es sei $S_0 = \emptyset$ und

$$S_{2j} = \sum_{l=1}^{j} (S_l^+ + S_l^-) \qquad\qquad j = 1,\ldots,k$$

$$S_{2j+1} = S_{2j} + S_{j+1}^+ \qquad\qquad j = 0,\ldots,k-1$$

Dann folgt

$$\|f \circ \mu\| \geq \sum_{j=1}^{k} |f(\mu(S_{2j})) - f(\mu(S_{2j-1}))|$$

$$(10) \qquad\qquad + \sum_{j=0}^{k-1} |f(\mu(S_{2j+1})) - f(\mu(S_{2j}))|$$

$$= \sum_{j=1}^{k} |f(\tfrac{j}{k}a) - f(\tfrac{j}{k}a - \tfrac{1}{k}a^-)|$$

$$+ \sum_{j=0}^{k-1} |f(\tfrac{j}{k}a + \tfrac{1}{k}a^+) - f(\tfrac{j}{k}a)|$$

$$\geq |\sum_{j=1}^{k} \tfrac{1}{k}a^-\cdot \nabla f(\tfrac{j}{k}a - \theta_j\tfrac{1}{k}a^-)|$$

$$+ |\sum_{j=0}^{k-1} \tfrac{1}{k}a^+\cdot \nabla f(\tfrac{j}{k}a + \vartheta_j\tfrac{1}{k}a^+)|$$

Die letzte Summe unterscheidet sich von der Riemannschen Summe

$$\sum_{j=0}^{k-1} \frac{1}{k} \, a^+ . \, \nabla f(\tfrac{j}{k} \, a)$$

nur um einen Ausdruck der Größenordnung $\frac{1}{k}$, da ∇f gleichmäßig stetig in A vorausgesetzt war, also konvergiert sie gegen

$$\int_0^1 a^+ . \, \nabla f(a\sigma)d\sigma = \int_0^1 (D_{a^+} f) \, (a\sigma) \, d\sigma$$

Folglich besagt (10)

$$\|f\circ\mu\| \geqslant |\int_0^1 (D_{\hat{\mu}^+(\tilde{n})} f) \, (\mu(\tilde{n})\sigma)d\sigma | + |\int_0^1 (D_{\hat{\mu}^-(\tilde{n})} f) \, (\mu(\tilde{n})\sigma)d\sigma |$$

$$= \varrho^+ \, (\tilde{n}) + \bar{\varrho}(\tilde{n}) \quad = \| \varrho \|$$

was zu zeigen war.

<u>Corrolar</u> 2.7. Es seien μ,ν vektorwertige, atomfreie Ladungsvertei-
lungen, f und g passende differenzierbare Funktionen, so daß
$f\circ\mu \in \mathcal{Y}^o$, $g\circ\nu \in \mathcal{Y}^o$ gilt. Dann ist

$$(11) \qquad \| \int_0^1 (D_{\mu(\cdot)} f) \, (\mu(\tilde{n})\sigma)d\sigma \, - \int_0^1 (D_{\nu(\cdot)} f) \, (\nu(\tilde{n})\sigma)d\sigma \, \|$$

$$\leqslant \|f\circ\mu - g\circ\nu \|$$

Beweis. Es sei

$$h(x,y) = f(x) - g(y)$$
$$\varrho = (\mu,\nu)$$

Dann ist

$$h\circ\varrho = f\circ\mu - g\circ\nu$$

und daher nach Satz 2.6.:

$$\| f\circ\mu - g\circ\nu \| \, = \, \| h\circ\varrho \|$$

$$\geqslant \| \int_0^1 (D_{\varrho(\cdot)} \, h) \, (\varrho(\tilde{n})\sigma)d\sigma \|$$

$$= \| \int_0^1 (D_{\mu(\cdot)} \, f) \, (\mu(\tilde{n})\sigma)d\sigma - \int_0^1 (D_{\nu(\cdot)} \, g) \, (\nu(\tilde{n})\sigma)d\sigma \|$$

<u>Satz</u> 2.8. Es gibt einen (und nur einen) Wert Φ auf $\mathcal{Y}^o$. Ist $v = f\circ\mu$
mit atomfreiem μ und differenzierbarem f, so gilt:

$$(12) \qquad \overset{v}{\Phi}(\cdot) = \int_0^1 (D_{\mu(\cdot)}\, f)\,(\mu(\tilde{\Omega})\sigma)d\sigma .$$

Beweis. (Eindeutigkeit haben wir bereits in Satz 2.3. bewiesen) Mit (12) setzen wir Φ auf der Menge aller $f\circ\mu$ mit passendem f und μ fest. Diese Festsetzung ist widerspruchsfrei, d.h., hängt nicht von der Repräsentierung von $v = f\circ\mu$ durch f und μ ab. Ist nämlich auch noch $v = g\circ\nu$, so besagt (11) gerade

$$\| \Phi^{f\circ\mu} - \Phi^{g\circ\nu}\| \;\leqslant\; \| f\circ\mu - g\circ\nu\| = 0.$$

Ebenso sieht man, daß Φ auf diese Weise stetig festgesetzt ist. Auch die Linearität ist leicht zu sehen, da allgemein

$$f\circ\mu + g\circ\nu = (f + g)\,\circ\,(u,v)$$

gibt (vgl. Corollar 2. .). Da schließlich alle Polynome differenzierbare Funktionen sind, ist Φ stetig und linear auf der $\mathcal{Y}^0$ aufspannenden Menge (1) definiert. Mithin gibt es eine (und nur eine) Fortsetzung auf $\mathcal{Y}^0$.

Für diese Fortsetzung sind die Axiome A_1 und A_2 von Definition 2.2. sicher erfüllt. Wir haben noch A_3 nachzuprüfen. Dazu sei

$$\pi: \tilde{\Omega} \to \tilde{\Omega}$$

ein meßbarer Automorphismus.
Wir setzen $\Psi: \mathcal{Y}^0 \to \mathcal{X}$ durch

$$\Psi^v = \Phi^{\pi v}$$

fest. Dann ist Ψ stetig und linear.
Wegen

$$\Psi\mu^k = \Phi^{\pi(\mu^k)} = \Phi^{(\pi\mu)^k}$$

$$= (\pi\mu(\tilde{\Omega}))^{k-1}\,\pi\mu$$

$$= (\mu(\tilde{\Omega}))^{k-1}\,\pi\mu$$

$$= \pi(\mu(\tilde{\Omega})^{k-1}\mu)$$

$$= \pi(\Phi^{\mu^k})$$

ist $\Psi^v = \pi(\Phi^v)$ auf der $\mathcal{Y}^0$ aufspannenden Menge (1) und daher $\Psi^v = \pi(\Phi^v)$ auf $\mathcal{Y}^0$. Damit ist der Satz bewiesen.

Eine Fortsetzung von Φ auf $\mathcal{Y}$ kann nicht existieren. Insbesondere gibt es keine Fortsetzung, die den "Einstimmigkeitsspielen" e_T $(T \in \underline{\underline{B}})$ einen Wert zuordnet. Ein solcher Wert müßte nämlich für jeden Automorphismus π

$$\pi \Phi^{e_{\widetilde{\Omega}}} = \Phi^{\pi e_{\widetilde{\Omega}}} = \Phi^{e_{\widetilde{\Omega}}}$$

leisten; es gibt jedoch kein Maß, das unter jedem Automorphismus invariant bleibt. Man kann versuchen, einen Wert unter Verzicht auf Stetigkeit (bez. $\|\cdot\|$) auf den e_T festzusetzen und dann auszudehnen, muß dann aber für manche T sehr gewaltsame Festsetzungen treffen. ($[RO]_2$).

3.) Ein weiterer Ansatz zur Definition eines Wertes auf $\mathcal{Y}^0$ beruht auf
=== der Idee, die Formel 2. (12) direkt zu verallgemeinern. Der Ausdruck

$$(D_{\mu(S)} \, f) \, (\mu(\widetilde{\Omega})\sigma)$$

wird dabei als eine partielle Ableitung $(D_S f \circ \mu) \, (\mu(\widetilde{\Omega})\sigma)$ von $f \circ \mu$ "in Richtung S" aufgefaßt, und man versucht, einer solchen Ableitung

(1) $\qquad (D_S v) \, (\sigma)$

für $v \in \mathcal{Y}^0$, $S \in \underline{\underline{B}}$ und $\sigma \in [0,1]$ einen Sinn zu geben. Nun ist

$$(2) \qquad (D_{\mu(S)} \, f) \, (\mu(\widetilde{\Omega})\sigma) = \lim_{\varepsilon \to 0} \frac{f(\mu(\widetilde{\Omega})\sigma + \varepsilon\mu(S)) - f(\mu(\widetilde{\Omega})\sigma)}{\varepsilon}$$

$$= \lim_{\varepsilon \to 0} \frac{f(\mu(\sigma 1_{\widetilde{\Omega}} + \varepsilon 1_S)) - f(\mu(\sigma 1_{\widetilde{\Omega}}))}{\varepsilon}$$

Formal haben wir dabei $\mu(f) = \int f d\mu$ gesetzt.

Analog der Fortsetzungstheorie für σ-additive Maße auf der Menge $\underline{\underline{M}}$ der meßbaren (beschränkten) Funktionen kann man daher zunächst versuchen, den Ausdruck $v(\sigma 1_{\widetilde{\Omega}} + \varepsilon 1_S)$ zu definieren, um danach (1) über (2) zu erhalten. Wir zeigen, daß dieses Programm tatsächlich durchführbar ist, und daß

$$(3) \qquad \int_0^1 (D_S v) \, (\sigma) \, d\sigma$$

in der Tat wieder den Wert auf $\mathcal{Y}^0$ liefert.($[AS]$)
Es sei $\underline{\underline{M}}_0 = \{f \mid f: [0,1] \to [0,1], \text{ meßbar}\}$

<u>Definition</u> 3.1.   Eine Abbildung(oder "Funktional")

$$L : \underline{\underline{M}}_0 \to \mathbb{R}$$

heißt $\underline{\text{monoton}}$, wenn aus $f \geq g$ stets $L(f) \geq L(g)$ folgt. L heißt von beschränkter Variation, falls es monotone L_1, L_2 gibt mit

$$L = L_1 - L_2$$

Für monotone L sei $\| L \| = L(1_\Omega)$, und für alle weiteren L

$$(4) \qquad \| L \| = \inf \left\{ \| L_1 \| + \| L_2 \| \mid L = L_1 - L_2 ; \; L_1, L_2 \text{ monoton} \right\}$$

$\mathcal{F}$ bezeichne die Menge der Funktionale von beschränkter Variation. Man kann, wie in §1, zeigen: Das Infimum in (4) wird tatsächlich angenommen; $\mathcal{F}$, versehen mit $\| \cdot \|$ ist ein Banachraum, es gilt:

$$(5) \qquad \| L \| = \sup \; \sum_{i=0}^{k} |L(f_i) - L(f_{i-1})| \mid f_0 \leq f_1 \leq \ldots \leq f_k \}$$

$\underline{\text{Satz}}$ 3.2. Es existiert genau eine Abbildung

$$L_. : \mathcal{Y}^0 - \mathcal{F}$$

mit folgenden Eigenschaften:

1. $L_.$ ist linear und stetig (bez. der Normen in $\mathcal{Y}$ und $\mathcal{F}$.)
2. $L_.$ ist multiplikativ.

(6) 3. $L_.$ ist monoton, d.h., mit v ist auch L_v monoton.

4. Für jedes atomfreie Maß $\mu \in \mathcal{Y}$ ist $L_\mu(f) = \int f \, d\mu$.

5. Für jedes $S \in \underline{\underline{B}}$ und jedes $v \in \mathcal{Y}^0$ ist

$$L_v(1_S) = v(S)$$

6. $\| L_v \| = \| v \| \qquad (v \in \mathcal{Y}^0)$

Die Eigenschaften 1.,...,6. sind nicht disjunkt.

Beweis. Falls $L_.$ existiert, muß es eindeutig sein. Wegen 2. und 4. ist nämlich für atomfreies μ und $v = \mu^k$

$$L_v(f) = (\int_\Omega f \, d\mu)^k ,$$

so daß $L_.$ auf einer erzeugenden Menge von $\mathcal{Y}^0$ eindeutig ist. Wegen der Stetigkeit folgt daher die Eindeutigkeit auf $\mathcal{Y}^0$. Bleibt die Existenz nachzuweisen.

Ist

$$(7) \qquad v = \sum_{l=1}^{r} \alpha_l \mu_l^{k_l}$$

ein Polynom in gewissen Maßen $\mu_1, \ldots, \mu_r \in \mathcal{Y}$,

so setzt man

$$(8) \qquad L_v(f) = \sum_{l=1}^{r} \alpha_l \Big(\int_{\Omega} f d\mu_l \Big)^{k_l} \qquad (f \in \underset{=}{M}_0)$$

Wir zeigen, daß für diese Festsetzung $\|L_v\| = \|v\|$ gilt. In der Tat: ist

$$0 \leq f_0 \leq f_1 \leq \ldots \leq f_k = 1_{\Omega},$$

so findet man nach Satz 2.3., §1, Mengen

$$\emptyset = T_0 \subseteq T_1 \subseteq \ldots \subseteq T_k = \Omega$$

mit $\mu(T_i) = \int f_i d\mu$ $\quad (i = 0,\ldots,k)$, wobei $\mu = (\mu_1,\ldots,\mu_r)$ gesetzt wird. Mit anderen Worten ist

$$\Big(\int f_i du_1 \Big)^{k_l} = \big(\mu_1(T_i) \big)^{k_l}$$

oder

$$L_v(f_i) = v(T_i).$$

Daher gilt

$$\|L_v\| = \sup \Big\{ \sum_{i=1}^{k} | L_v(f_i) - L_v(f_{i-1}) | \; f_0 \leq \ldots \leq f_k \Big\}$$

$$= \sup \Big\{ \sum_{i=1}^{k} | v(T_i) - v(T_{i-1}) | \; T_0 \subseteq \ldots \subseteq T_k \Big\}$$

$$= \|v\|.$$

Die Festsetzung (8) liefert daher auf den v vom Typ (7) eine lineare und stetige Abbildung, die in eindeutiger Weise auf $\mathcal{Y}^0$ ausgedehnt werden kann. Die restlichen Eigenschaften von (6) zieht man ebenfalls leicht nach $\mathcal{Y}^0$ hinüber. So z.B. kann man zum Beweis von 3. , wie folgt, verfahren: ist v monoton und $f \geq g$, so findet man v^0 vom Typ (7) mit $\| v - v^0 \| < \varepsilon$ $(\varepsilon > 0)$, sowie Mengen $T \supseteq S$ mit $v^0(T) = L_{v^0}(f)$, $v^0(S) = L_{v^0}(g)$. Daher hat man

$$L_v(f) - L_v(g) \geq L_{v^0}(f) - L_{v^0}(g) - 2\varepsilon$$

$$= v^0(T) - v^0(S) - 2\varepsilon$$

$$\geq v(T) - v(S) - 4\varepsilon$$

$$\geq 4\varepsilon,$$

mithin auch $L_v(f) \geq L_v(g)$, usw. q.e.d.

Es sei nun für $0 < t < 1$, $S \in \underset{=}{B}$

$$|D_S v|^+(t) = \lim_{\varepsilon \to 0} \sup \left| \frac{L_v(t1_{\widehat{\Omega}}+\varepsilon 1_S) - L_v(t1_{\widehat{\Omega}})}{\varepsilon} \right| \qquad (v \in \mathcal{Y}^0)$$

Satz 3.3. Für jedes $v \in \mathcal{Y}^0$ ist $|D_S v|^+(t)$ integrierbar, und es gilt

$$(9) \qquad \int_0^1 |D_S v|^+(t) \leqslant \|v\|$$

Beweis. Sei zunächst v monoton. Dann ist auch L_v monoton und für hinreichend kleines $\varepsilon > 0$

$$L_v(t1_{\widehat{\Omega}}+\varepsilon 1_S) - L_v(t1_{\widetilde{\Omega}}) \leqslant L_v(t1_{\widehat{\Omega}}+\varepsilon 1_{\widetilde{\Omega}}) - L_v(t1_{\widehat{\Omega}}) \; .$$

Somit hat man

$$(10) \qquad 0 \leqslant \frac{L_v(t1_{\widehat{\Omega}}+\varepsilon 1_S) - L_v(t1_{\widehat{\Omega}})}{\varepsilon} \leqslant \frac{L_v(t1_{\widehat{\Omega}}+\varepsilon 1_{\widehat{\Omega}}) - L_v(t1_{\widehat{\Omega}})}{\varepsilon}$$

Die Formel (10) gilt auch für $\varepsilon < 0$, man schließt also auf

$$(11) \qquad 0 \leqslant |D_S v|^+(t) \leqslant |D_{\widetilde{\Omega}} v|^+(t)$$

Die Funktion $g(t) = L_v(t1_{\widetilde{\Omega}})$ $(0 < t < 1)$ ist monoton und daher fast überall differenzierbar mit der Ableitung $g'(t) = |D_{\widetilde{\Omega}} v|^+(t)$.
Daraus folgt (etwa durch Zerlegung von g in einen λ-absolut stetigen und einen λ-senkrechten Anteil)

$$(12) \qquad 0 \leqslant \int_0^1 |D_{\widehat{\Omega}} v|^+(t)dt \leqslant g(1) - g(0) = v(\widetilde{\Omega}) = \|v\|$$

Einige Standard-Argumente zeigen daher, daß $|D_S v|^+(\cdot)$ integrierbar ist, und (12) liefert (9).
Sei v nun ein beliebiges Element von $\mathcal{Y}^0$. Nach Satz 1.8., §1, finden wir zu vorgegebenem $\varepsilon > 0$ Funktionen $v^1, v^2 \in \mathcal{Y}^0$ mit

$$(13) \qquad v = v^1 - v^2, \; \|v\| \geqslant \|v^1\| + \|v^2\| - \varepsilon, \; v^1, v^2 \text{ monoton.}$$

Aus

$$|D_S v|^+(t) \leqslant |D_S v^1|^+(t) + |D_S v^2|^+(t)$$

folgt nach dem Vorhergehenden

$$0 \leqslant \int_0^t |D_S v|^+(t) \leqslant \|v^1\| + \|v^2\| \leqslant \|v\| + \varepsilon.$$

Das impliziert (9), da $\varepsilon > 0$ beliebig war.

Satz 3.4. Sei $v \in \mathcal{Y}^0$. Fast überall existiert

$$(14) \qquad D_S v(t) = \lim_{\varepsilon \to 0} \frac{L_v(t1_\Omega + \varepsilon 1_S) - L_v(t1_{\tilde\Omega})}{\varepsilon}$$

und ist integrierbar. Es gilt

$$(15) \qquad \int_0^1 D_S v(t)\,dt = \Phi^v(S)$$

Beweis. Sei

$$\Delta_S v(t) = \limsup_{\varepsilon \to 0} \frac{L_v(t1_\Omega + \varepsilon 1_S) - L_v(t1_{\tilde\Omega})}{\varepsilon}$$

$$- \liminf_{\varepsilon \to 0} \frac{L_v(t1_{\tilde\Omega} + 1_S) - L_v(t1_{\tilde\Omega})}{\varepsilon}$$

Dann ist

$$0 \leq \Delta_S v(t) \leq 2|D_S v|^+(t),$$

und mithin existiert

$$\Delta_S v = \int_0^t \Delta_S v(t)\,dt \leq 2\,\|v\|$$

aufgrund von (9). Da L. linear ist, rechnet man mit Hilfe der Eigenschaften von lim sup und lim inf nach:

$$\Delta_S(v + w)(t) \leq \Delta_S v(t) + \Delta_S w(t)$$

$$\Delta_S(v + w) \qquad \leq \Delta_S v \qquad + \Delta_S w$$

Sei v^o ein Polynom in atomfreien Maßen. Dann existiert

$$(16) \qquad D_S v^o(t) = \lim_{\varepsilon \to 0} \frac{L_{v^o}(t1_\Omega + \varepsilon 1_S) - L_{v^o}(t1_{\tilde\Omega})}{\varepsilon} = \Phi^{v^o}(S),$$

wie wir schon gesehen haben. Also ist $\Delta_S v^o = 0$. Für beliebiges $v \in y^o$ und $\varepsilon > 0$ findet man Polynome in atomfreien Maßen v_ε^o mit $\|v - v_\varepsilon^o\| < \varepsilon$. Dann gilt

$$0 \leq \Delta_S v = \Delta_S v_\varepsilon^o + \Delta_S(v - v_\varepsilon^o) \leq 2\,\|v - v_\varepsilon^o\| < 2\varepsilon,$$

also $\Delta_S v = 0 (v \in y^o)$. Daher ist $\Delta_S v(t) = 0$ fast überalll, und (14) existiert fast überall. Mithin ist fast überall $D_S v(t) = |D_S v|^+(t)$ und

$$(17) \qquad \int_0^1 D_S v(t)\,dt = \int_0^1 |D_S v|^+(t) \leq \|v\|,$$

so daß (14) auch integrierbar ist. (17) zeigt, daß $D_S v$ ein stetiges lineares Funktional auf y^o liefert, das zudem laut (16) mit $\Phi^v(S)$ auf einer $\mathcal{Y}^o$ erzeugenden Menge übereinstimmt. Da auch $\Phi^v(S)$ stetig und linear ist, hat man $D_S v = \Phi^v(S)$, q.e.d.

<u>Satz</u> 3.5. Ist $v \in \mathcal{S} \cap \mathcal{Y}^o$, so gilt

$$L_v(f) + L_v(g) \leq L_v(f + g) \qquad (f, g, f+g \in \underline{\underline{M}}_o)$$

Beweis. Sei $\varepsilon > 0$ und v^o vom Typ (7) mit $\| v - v^o \| < \varepsilon$. Genau wie in Satz 3.2. findet man Mengen $S, T \in \underline{\underline{B}}$, $S \subseteq T$ mit

$$\mu(S) = \int f d\mu, \quad \mu(T) = \int (f+g) d\mu,$$

also

$$\mu(T - S) = \int g d\mu$$

oder auch

$$L_{v^o}(f) = v^o(S), \quad L_{v^o}(g) = v^o(T - S), \quad L_{v^o}(f+g) = v^o(T).$$

Daher gilt:

$$L_v(f) + L_v(g) \leq L_{v^o}(f) + L_{v^o}(g) + 2\varepsilon$$

$$= v^o(S) + v^o(T - S) + 2\varepsilon \leq v(S) + v(T - S) + 4\varepsilon$$

$$\leq v(T) + 4\varepsilon \leq v^o(T) + 5\varepsilon = L_{v^o}(f + g) + 5\varepsilon$$

$$\leq L_v(f + g) + 6\varepsilon, \quad \text{q.e.d.}$$

<u>Definition</u> 3.6. $v \in \mathcal{Y}^o$ heißt <u>homogen</u>, falls

$$L_v(tf) = t L_v(f) \qquad (0 \leq t \leq 1; \ f, tf \in \underline{\underline{M}}_o)$$

gilt.

<u>Satz</u> 3.7. Ist $v \in \mathcal{Y}^o$ homogen und superadditiv, so existiert $D_S v(t)$ für alle $t \in (0,1)$ und hat unabhängig von t den Wert $D_S v = \Phi^v_S(S)$. Darüber hinaus gilt:

$$\mathcal{C}(v) = \{\Phi^v\} = \{D_{\cdot} v\}$$

Beweis. Nach Satz 3.4. existiert $D_S v(t)$ fast überall. Sei t ein Wert, für den diese Ableitung existiert. Dann sichert die Homogenität, daß sie für alle τ, $0 < \tau < t$ existiert; es ist

$$(D_S v)(\tau) = \lim_{\varepsilon \to 0} \frac{L_v(\tau 1_{\widetilde{\Omega}} + \varepsilon 1_S) - L_v(\tau 1_{\widetilde{\Omega}})}{\varepsilon}$$

$$= \lim_{\frac{t}{\tau}\varepsilon \to 0} \frac{L_v(t1_{\tilde\Omega}+\frac{t}{\tau}\varepsilon 1_S) - L_v(t1_{\tilde\Omega})}{\frac{t}{\tau}\varepsilon}$$

$$= D_S v(t).$$

Dieses beweist den ersten Teil des Satzes sowie

$$\Phi^v(S) = \int_0^1 D_S v(t)dt = D_S v$$

Wegen

$$v(S) = L_v(1_S) = \frac{L_v(t1_{\tilde\Omega}) + L_v(\varepsilon 1_S) - L_v(t1_{\tilde\Omega})}{\varepsilon}$$

$$\leq \frac{L_v(t1_{\tilde\Omega}+\varepsilon 1_S) - L_v(t1_{\tilde\Omega})}{\varepsilon}$$

folgt $v(S) \leq D_S v(t) = \Phi^v(S)$, also $\Phi^v \in \mathcal{C}(v)$. Es bleibt zu zeigen, daß $\mathcal{C}$ keine weiteren Elemente enthält. Nach Satz 4.4., § 1 enthält $\mathcal{C}$ jedenfalls nur atomfreie σ-additive Maße μ. Für solches μ ist leicht zu sehen:

$$\int f d\mu = L_\mu(f) \geq L_v(f)$$

$$L_\mu(t1_{\tilde\Omega}) = tL_\mu(1_{\tilde\Omega}) = tL_v(1_{\tilde\Omega}) = L_v(t1_{\tilde\Omega}).$$

Daraus folgt

$$\mu(S) = \lim_{\varepsilon \to 0} \frac{L_\mu(t1_{\tilde\Omega}+\varepsilon 1_S) - L_\mu(t1_{\tilde\Omega})}{\varepsilon}$$

$$\geq \lim_{\varepsilon \to 0} \frac{L_v(t1_{\tilde\Omega}+\varepsilon 1_S) - L_v(t1_{\tilde\Omega})}{\varepsilon}$$

$$= \Phi^v(S).$$

Aus $\mu \geq \Phi^v$, $\mu(\tilde\Omega) = \Phi^v(\tilde\Omega)$ ist aber $\mu = \Phi^v$ sofort ersichtlich.

<u>Bemerkung</u> Sei

$$(18) \qquad \tilde{\mathfrak{m}} = (\tilde\Omega, \mathbb{R}^{m+}\times \mathbb{R}, (\succeq), a^\cdot)$$

ein Markt mit transferierbarem Nutzen. Das von diesem Markt erzeugte Spiel ist

$$(19) \qquad v^{\tilde{\mathfrak{m}}} = \max \left\{ \int_S u^\omega(x^\omega)\, d\lambda(\omega) \;\middle|\; \int_S x^\omega d\lambda(\omega) = \int_S a^\omega d\lambda(\omega) \right\}$$

Man kann zeigen: ist $u^\omega(\cdot)$ differenzierbar, so wird das Maximum in (19) tatsächlich angenommen, $v^{\tilde{\mathfrak{m}}}$ ist ein Element von $\mathcal{Y}^0$ und $L_{v^{\tilde{\mathfrak{m}}}}$ ist durch

$$(20) \qquad L_{v\widetilde{m}}(f) = \max\left\{ \int f(\omega)u^{\omega}(x^{\omega})\, d\lambda(\omega) \,\middle|\right.$$

$$\left. \int f(\omega)x^{\omega}d\lambda(\omega) = \int f(\omega)a^{\omega}\, d\lambda(\omega) \right\}$$

gegeben. Der Beweis erfordert noch einige Arbeit (vgl. [AS]). Mit ähnlichen Methoden wie in §2 und Kapitel II zeigt man, daß Core und Gleichgewicht zusammenfallen. Wie man sofort sieht, ist (19), (20) homogen und superadditiv. Dies impliziert dann den

<u>Satz</u> 3.8. Im Markt (18) fallen Core, Gleichgewicht und Shapley Wert
zusammen.

Literatur

[A]$_1$ Aumann,R.J.:The core of a cooperative game without side
         payments. Trans.Amer.Math.Soc.,Vol.98,1960

[A]$_2$ "   Existence of competitive equilibria in markets
         with a continuum of traders. Econometrica,Vol 34,1966

[A]$_3$ "   Markets with a continuum of traders.
         Econometrica,Vol. 32,1964

[A]$_4$ "   Cooperative games without side payments. in[RADV]

[A]$_5$ "   Random measure preserving transformations. Proc.
         of the fifth Berkeley symposium on math. statistics
         and probability.Vol. II,part II,Univ. of Cal. Press
         1967

[A]$_6$ "   Measurable utility and the measurable choice
         theorem.in "La Decision",Ed. du Centre National de
         Recherche Scientifique, Paris , 1969

[A]$_7$ "   Integrals of set-valued functions. Journal Math.
         Analysis and Appl.,Vol. 12, 1965

[ADV]   Advances in game theory. Annals of math. studies No. 52,
         Princeton Univ. Press, 1964

[AM]   Aumann,R.J. and Maschler,M.: The bargaining set for
         cooperative games. In [ADV]

[AP]   Aumann,R.J. and Peleg,B.: Von-Neumann-Morgenstern-solutions
         for cooperative games without side payments. Bull.
         Amer. Math. Soc., Vol. 66, 1960

[APR]   Aumann,R.J. and Perles,M.:A variational problem
         arising in economics. Journal Math. Analysis and
         Appl. , Vol. 11, 1965

[AS]$_{1,...,5}$ Aumann,R.J. and Shapley,L.S.: Values of nonatomic games
         I,II,III,IV,V. The RAND Corporation, RM-5468-PR,(1968)
         RM-5842-PR(1969),RM 6216(1970),RM 6260(1970),...(1971).

[BLG]   Blackwell,D. and Girshick, M.A.: Theory of games and
         statistical decisions. New York, 1956

[BU]$_1$ Burger,E.: Einführung in die Theorie der Spiele, de Gruyter,
         Berlin, 1966

[BU]$_2$ Burger, E.: Bemerkungen zum Aumannschen Core Theorem. Zeitschr.
         f. Wahrscheinlichkeitstheorie und verw. Gebiete,
         Band 3., 1964

[CONTR]$_{1,..,4}$ Contributions to the theory of games I,II,III,IV.
         Annals of math. studies , Vol.24,(1950),Vol.28 (1953),
         Vol.39 (1957), Vol. 40 (1959)

[D]$_1$ Debreu,G.:Theory of value. John Wiley and sons, New York,1962

[D]$_2$ " New concepts and techniques for equilibrium analysis
         International Economic Review,Vol. 3, No.3, 1962

[D]$_3$ " On a theorem of Scarf. The Review of Economic
         Studies,Vol. 30, No. 3 (1963)

[D]$_4$ " Preference functions on measure spaces of econo-
         mic agents. Econometrica, Vol. 35, 1967

[D]$_5$ " Economies with a finite set of equilibria,
         Econometrica, Vol,38, 1970

[DO] Doob, J.L.: Stochastic Processes, John Wiley and sons,
         New York, 1953

[DGJ] Drèze,J.H., Gepts,S. and Jaskold-Gabszewicz,J.:On cores and
         competitive equilibria. Center for Operations Research
         and Econometrics CORE, Louvain, RM 6708

[DS] Debreu,G. and Scarf,H.: A limit theorem on the core of an
         economy. Intern. Economic Review , Vol, 4, No.3, 1963

[GI] Gillies ,G. in [CONTR]$_4$

[HJG] Hansen,T. and Jaskold-Gabszewicz,J.: Collusion of factor
         owners and distribution of social otput. Center for
         Operations Research and Econometrics CORE, Louvain,
         RM 7012

[H]$_1$ Hildenbrand,W.: On economies with many agents. Journal of
         Economic Theory, Vol 12, No. 2, 1970

[H]$_2$ " On the core of an economy with a measure
         space of economic agents. The Review of Economic
         Studies, Vol. 35, 1968

[H]$_3$ " Existence of equilibria for economies with
         production and a measure space of consumers.
         Econometrica, 1970

[HI]   Hildenbrand,K.: Continuity of the equilibrium correspondence.
Institute for math. studies in the social sciences,
Stanford University, Techn Rep. No. 37, 1970

[HM]   Hildenbrand,W. and Mertens,J.F.: On Fatou's lemma in
several dimensions. Zeitschr. für Wahrscheinlichkeitstheorie und verwandte Gebiete, Bd. 17, 1971

[JG]   Jaskold-Gabszewicz,J.: Syndicates of traders in an exchange
economy. Center for Operations Research and Econo-
metrics CORE, Louvain, RM 7020 1970

[K]$_3$ Kannai,Y.:Continuity properties of the core of a market.
Dep. of Math.,The Hebrew University of Jerusalem,
RM 34 in Game Theory. Erscheint in Econometrica.

[K]$_2$ "   Countably additive measures in cores of games.
Journal of Math. Analysis and Appl., Vol 27.,No. 2,
1969

[K]$_1$ "   Values of Games with a continuum of players. Israel
Journal of Mathematics, Vol. 4 , 1966

[LI]   Lindenstrauss,J.: A short proof of Ljapounoff's convexity
theorem. Journal of Math. and Mech.,Vol 15, 1966

[LJ]   Ljapunoff,A.: Sur les fonctions-vecteur completement
additives. Bull.Acad.Sci.URSS, Ser. Math. 4, 1940

[LU]$_1$ Lucas, W.F.: Some recent developments in n-Person game theory.
Dep. of Operations Research and Center for Appl.
Math., Cornell University, 1971

[LU]$_2$ "   The proof that a game may have no solution. Trans.
Amer. Math. Soc. 137, 1969

[LU]$_3$ "   A game with no solution. Bull. Amer. Math. Soc. 74,
1968

[LU]$_4$ "   Games with unique solutions, that are nonconvex.
Pacific Journal of Math. Vol 28, 1969

[LU]$_5$ "   Solutions for four-person games in partition function
form. SIAM Journal Appl. Math. Vol. 13, 1965

[MCK]   McKenzie,L.W.: On the existence of a general equilibrium
for a competitive market. Econometrica, Vol 27, 1959

[LR]   Luce,R. and Raiffa,H.: Games and decisions. John Wiley and
sons, New York, 1957

[M]   Maschler,M.: The inequalities that determine the bargaining set $\mathfrak{M}_1^{(i)}$. Israel Journal Math., Vol 4, 1966

[MP]$_1$ Maschler,M. and Peleg,B.: A characterization, existence proof, and dimension bounds for the kernel of a game. Pacific Journal Math. Vol 18, 1966

[MP]$_2$ Maschler,M. and Peleg,B.: The structure of the kernel of a cooperative game. SIAM Journal Appl. Math. Vol 15, No.3 , 1967

[MPS]   Maschler,M., Peleg, B., and Shapley, L.S.: The kernel and the nucleolus of a cooperative game as locuses in the strong ε-core. Dep. of Math, The Hebrew University of Jerusalem, R.M. 6o in Game Theory, 1970

[MKI]$_1$ McKinsey ,J.C.C. in [CONTR]$_1$

[MKI]$_2$ McKinsey, J.C.C.: Theory of games. McGraw Hill, New York,1952

[NM]   von Neumann, J. and Morgenstern, O.: Theory of games and economic behavior. Princeton University Press, Princeton,1944, 1947, 1953

[O]$_1$ Owen, G.:Game theory. W.B. Saunders Company, Philadelphia,1968

[O]$_2$ "   A note on the Shapley value. Management Science, Vol 14, 1968

[O]$_3$ "   Multilinear extensions of games. To appear in Management Science.

[P]$_1$ Peleg, B.: On minimal separating collections. Dep. of Math., the Hebrew University of Jerusalem, RM 21 in Game Theory, 1966

[P]$_2$ "   The extended bargaining set for cooperative games without side payments. Dep. of Math., The Hebrew University of Jerusalem, RM 44 in Game Theory, 1969

[RADV] Recent Advances in Game Theory. Princeton University Conference 1962

[RO]$_1$ Rosenmüller, J.:On some classes of game functions. Matematisk Institut, Aarhus Universitet, Preprint series No 20, 1967/68

[RO]$_2$ " On core and value. Operations Research Vol IX, 1971

[RO]$_3$ " An approximative proof for the existence of equilibria in large markets. Math. Institut Univ. Erlangen, 1971

[SC]$_1$ Scarf, H.: The core of an n-person game. Econometrica 35,1967

[SC]$_2$ " An analysis of markets with a large number of parti-
        cipants. in [RADV]

[SCH]$_1$ Schmeidler, D.: Fatou's lemma in several dimensions. Proc.
        Amer. Math. Soc. Vol. 24, 1970

[SC]$_2$ " On balanced games with infinitely many players. Dep.
        of Math., The Hebrew University of Jerusalem, RM 28
        in Game Theory, 1967

[S]$_1$ Shapley, L.S.: Cores of Convex games. The RAND Corporation,
        RM-4571-PR, 1965

[S]$_2$ " On balanced sets and cores. The RAND Corporation,
        RM-4601-PR, 1965

[S]$_3$ " A value for n-person games. in [CONTR]$_2$

[S]$_4$ " The value as a tool in theoretical economics. The RAND
        Corporation,RM p-3658, 1967

[S]$_5$ " Pure competition, coalitional power , and fair
        division. The RAND Corporation, RM - 4917-Pr. Inter-
        national Economic Review. 1966

[S]$_6$ " A general exchange economy with money. The RAND
        Corporation RM-4248-PR, 1964

[S]$_7$ " The solutions of a symmetric market game. in [CONTR]$_4$

[SSH]$_1$ Shapley, L.S. and Shubik,M.: On market games. Journal of
        Economic Theory, Vol. 1, No 1, June 1969

[SSH]$_2$ Shapley, L.S., and Shubik,M.: Quasi-cores in a monetary
        economy with nonconvex preferences. The RAND Corpo-
        ration, RM-3518-1-PR, 1965.Econometrica 34, 1966

[SH] Shubik, M.: Edgeworth market games. In [CONTR]$_4$

[ST] Stearns, R.E.: Three person cooperative games without side
        payments. In [RADV]

[V] Vind, K.: Edgeworth allocations in an exchange economy with
        many traders. Intern. Economic Review, Vol. 5, 1964

[YH] Yosida, K. and Hewitt, E.: Finitely additive measures. Trans.
        Amer. Math. Soc. Vol. 72, No. 1, 1952

Lecture Notes in Operations Research and Mathematical Systems

Vol. 1: H. Bühlmann, H. Loeffel, E. Nievergelt, Einführung in die Theorie und Praxis der Entscheidung bei Unsicherheit. 2. Auflage, IV, 125 Seiten 4°. 1969. DM 12,–

Vol. 2: U. N. Bhat, A Study of the Queueing Systems M/G/1 and GI/M/1. VIII, 78 pages. 4°. 1968. DM 8,80

Vol. 3: A. Strauss, An Introduction to Optimal Control Theory. VI, 153 pages. 4°. 1968. DM 14,–

Vol. 4: Einführung in die Methode Branch and Bound. Herausgegeben von F. Weinberg. VIII, 159 Seiten. 4°. 1968. DM 14,–

Vol. 5: L. Hyvärinen, Information Theory for Systems Engineers. VIII, 205 pages. 4°. 1968. DM 15,20

Vol. 6: H. P. Künzi, O. Müller, E. Nievergelt, Einführungskursus in die dynamische Programmierung. IV, 103 Seiten. 4°. 1968. DM 9,–

Vol. 7: W. Popp, Einführung in die Theorie der Lagerhaltung. VI, 173 Seiten. 4°. 1968. DM 14,80

Vol. 8: J. Teghem, J. Loris-Teghem, J. P. Lambotte, Modèles d'Attente M/G/1 et GI/M/1 à Arrivées et Services en Groupes. IV, 53 pages. 4°. 1969. DM 6,–

Vol. 9: E. Schultze, Einführung in die mathematischen Grundlagen der Informationstheorie. VI, 116 Seiten. 4°. 1969. DM 10,–

Vol. 10: D. Hochstädter, Stochastische Lagerhaltungsmodelle. VI, 269 Seiten. 4°. 1969. DM 18,–

Vol. 11/12: Mathematical Systems Theory and Economics. Edited by H. W. Kuhn and G. P. Szegö. VIII, IV, 486 pages. 4°. 1969. DM 34,–

Vol. 13: Heuristische Planungsmethoden. Herausgegeben von F. Weinberg und C. A. Zehnder. II, 93 Seiten. 4°. 1969. DM 8,–

Vol. 14: Computing Methods in Optimization Problems. Edited by A. V. Balakrishnan. V, 191 pages. 4°. 1969. DM 14,–

Vol. 15: Economic Models, Estimation and Risk Programming: Essays in Honor of Gerhard Tintner. Edited by K. A. Fox, G. V. L. Narasimham and J. K. Sengupta. VIII, 461 pages. 4°. 1969. DM 24,–

Vol. 16: H. P. Künzi und W. Oettli, Nichtlineare Optimierung: Neuere Verfahren, Bibliographie. IV, 180 Seiten. 4°. 1969. DM 12,–

Vol. 17: H. Bauer und K. Neumann, Berechnung optimaler Steuerungen, Maximumprinzip und dynamische Optimierung. VIII, 188 Seiten. 4°. 1969. DM 14,–

Vol. 18: M. Wolff, Optimale Instandhaltungspolitiken in einfachen Systemen. V, 143 Seiten. 4°. 1970. DM 12,–

Vol. 19: L. Hyvärinen, Mathematical Modeling for Industrial Processes. VI, 122 pages. 4°. 1970. DM 10,–

Vol. 20: G. Uebe, Optimale Fahrpläne. IX, 161 Seiten. 4°. 1970. DM 12,–

Vol. 21: Th. Liebling, Graphentheorie in Planungs- und Tourenproblemen am Beispiel des städtischen Straßendienstes. IX, 118 Seiten. 4°. 1970. DM 12,–

Vol. 22: W. Eichhorn, Theorie der homogenen Produktionsfunktion. VIII, 119 Seiten. 4°. 1970. DM 12,–

Vol. 23: A. Ghosal, Some Aspects of Queueing and Storage Systems. IV, 93 pages. 4°. 1970. DM 10,–

Vol. 24: Feichtinger, Lernprozesse in stochastischen Automaten. V, 66 Seiten. 4°. 1970. DM 6,–

Vol. 25: R. Henn und O. Opitz, Konsum- und Produktionstheorie I. II, 124 Seiten. 4°. 1970. DM 10,–

Vol. 26: D. Hochstädter und G. Uebe, Ökonometrische Methoden. XII, 250 Seiten. 4°. 1970. DM 18,–

Bitte wenden/Continued

Vol. 27: I. H. Mufti, Computational Methods in Optimal Control Problems.
IV, 45 pages. 4°. 1970. DM 6,– .

Vol. 28: Theoretical Approaches to Non-Numerical Problem Solving. Edited by R. B. Banerji and
M. D. Mesarovic. VI, 466 pages. 4°. 1970. DM 24,–

Vol. 29: S. E. Elmaghraby, Some Network Models in Management Science.
III, 177 pages. 4°. 1970. DM 16,–

Vol. 30: H. Noltemeier, Sensitivitätsanalyse bei diskreten linearen Optimierungsproblemen.
VI, 102 Seiten. 4°. 1970. DM 10,–

Vol. 31: M. Kühlmeyer, Die nichtzentrale t-Verteilung. II, 106 Seiten. 4°. 1970. DM 10,–

Vol. 32: F. Bartholomes und G. Hotz, Homomorphismen und Reduktionen linearer Sprachen.
XII, 143 Seiten. 4°. 1970. DM 14,–

Vol. 33: K. Hinderer, Foundations of Non-stationary Dynamic Programming with Discrete Time Parameter.
VI, 160 pages. 4°. 1970. DM 16,–

Vol. 34: H. Störmer, Semi-Markoff-Prozesse mit endlich vielen Zuständen. Theorie und Anwendungen.
VII, 128 Seiten. 4°. 1970. DM 12,–

Vol. 35: F. Ferschl, Markovketten. VI, 168 Seiten. 4°. 1970. DM 14,–

Vol. 36: M. P. J. Magill, On a General Economic Theory of Motion. VI, 95 pages. 4°. 1970. DM 10,–

Vol. 37: H. Müller-Merbach, On Round-Off Errors in Linear Programming.
VI, 48 pages. 4°. 1970. DM 10,–

Vol. 38: Statistische Methoden I, herausgegeben von E. Walter. VIII, 338 Seiten. 4°. 1970. DM 22,–

Vol. 39: Statistische Methoden II, herausgegeben von E. Walter. IV, 155 Seiten. 4°. 1970. DM 14,–

Vol. 40: H. Drygas, The Coordinate-Free Approach to Gauss-Markov Estimation.
VIII, 113 pages. 4°. 1970. DM 12,–

Vol. 41: U. Ueing, Zwei Lösungsmethoden für nichtkonvexe Programmierungsprobleme.
IV, 92 Seiten. 4°. 1971. DM 16,–

Vol. 42: A.V. Balakrishnan, Introduction to Optimization Theory in a Hilbert Space.
IV, 153 pages. 4°. 1971. DM 16,–

Vol. 43: J. A. Morales, Bayesian Full Information Structural Analysis. VI, 154 pages. 4°. 1971. DM 16,–

Vol. 44: G. Feichtinger, Stochastische Modelle demographischer Prozesse.
XIII, 404 pages. 4°. 1971. DM 28,–

Vol. 45: K. Wendler, Hauptaustauschschritte (Principal Pivoting). II, 64 pages. 4°. 1971. DM 16,–

Vol. 46: C. Boucher, Leçons sur la théorie des automates mathématiques.
VIII, 193 pages. 4°. 1971. DM 18,–

Vol. 47: H. A. Nour Eldin, Optimierung linearer Regelsysteme mit quadratischer Zielfunktion.
VIII, 163 pages. 4°. 1971. DM 16,–

Vol. 48: M. Constam, Fortran für Anfänger. VI, 143 pages. 4°. 1971. DM 16,–

Vol. 49: Ch. Schneeweiß, Regelungstechnische stochastische Optimierungsverfahren.
XI, 254 pages. 4°. 1971. DM 22,–

Vol. 50: Unternehmensforschung Heute – Übersichtsvorträge der Züricher Tagung von SVOR und DGU,
September 1970. Herausgegeben von M. Beckmann. IV, 133 pages. 4°. 1971. DM 16,–

Vol. 51: Digitale Simulation. Herausgegeben von K. Bauknecht und W. Nef. IV, 207 pages. 4°. 1971.
DM 18,–

Vol. 52: Invariant Imbedding. Proceedings of the Summer Workshop on Invariant Imbedding Held at the
University of Southern California, June – August 1970. Edited by R. E. Bellman and E. D. Denman.
IV, 148 pages. 4°. 1971. DM 16,–

Vol. 53: J. Rosenmüller, Kooperative Spiele und Märkte. IV, 152 pages. 4°. 1971. DM 16,–